图书在版编目（CIP）数据

海洋世界 /（英）约翰·伍德沃德著；罗佳，宋馨 译 . -- 北京：科学普及出版社，2022.1（2023.8 重印） （DK 探索百科）

书名原文：E.EXPLORE DK ONLINE : OCEAN

ISBN 978-7-110-10356-2

Ⅰ.①海… Ⅱ.①约…②罗…③宋… Ⅲ.①海洋—青少年读物 Ⅳ.① P7-49

中国版本图书馆 CIP 数据核字（2021）第 202110 号

总 策 划：秦德继
策划编辑：王 菡　许 英
责任编辑：高立波　赵 佳
责任校对：吕传新
责任印制：李晓霖
正文排版：中文天地
封面设计：书心瞬意

科学普及出版社出版

北京市海淀区中关村南大街 16 号

邮政编码：100081

电话：010-62173865　传真：010-62173081

http://www.cspbooks.com.cn

中国科学技术出版社有限公司发行部发行

北京华联印刷有限公司承印

开本：889 毫米 ×1194 毫米　1/16

印张：6　字数：200 千字

2022 年 1 月第 1 版　2023 年 8 月第 5 次印刷

定价：49.80 元

ISBN 978-7-110-10356-2/P · 224

混合产品
纸张 |
支持负责任林业
FSC® C018179

www.dk.com

DK 探索百科

海 洋 世 界

［英］约翰·伍德沃德／著

罗佳　宋馨／译

朱志勇／审校

科学普及出版社

·北　京·

目 录

一个由海洋构成的星球

地球是一个名副其实的大水球。平均深度约 3.8 千米的海洋，覆盖了地球表面 70% 以上的地方，构成地球上最主要的环境。作为太阳系里唯一拥有液态海洋的星球，地球也是我们目前所知唯一能够孕育生命的星球。水对生命至关重要，而生命很可能就起源于海洋。海洋的存在，使陆地上出现生命成为可能。所以，没有海洋，人类就无法生存。

▲理想状态

地球上存在海洋是一系列幸运因素共同作用的结果。地球与太阳的距离使得地表温度允许水以液态形式存在。地球的大小和地心引力强度，使地球能够保存住大气和水蒸气。大气和水蒸气在空中形成了一个保温层，使海洋里的水不会完全蒸发或完全冻结成冰。

其他世界

水星

作为最靠近太阳的星球，水星比地球小很多。它的地心引力不足以使大气在空中形成保温层，因此水星表面温度最高可达 432℃，最低可至 -172℃。它是一个贫瘠的、由岩石构成的星球。

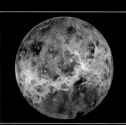

金星

金星与地球大小差不多，它的地心引力足够强，因此它有一个厚厚的大气层。然而，金星的大气层成分主要是二氧化碳，而二氧化碳使阳光照射在金星表面产生的热量无法散去，所以金星表面灼热，最高温度可达 464℃。

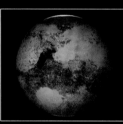

火星

火星很小，以至于它的大气层非常稀薄。它的温度也比地球低，因为它距离太阳比较远。火星是有水的，但这些水只以两种形式存在：一种是在它的两极地区结成冰，另一种是存在于火星地表之下。因此，这些水没有形成海洋。

木卫二

木卫二是围绕木星运转的卫星之一，其表面是由岩山构成并覆盖着冰川，冰川之下有可能存在液态水。如果这些液态水的确存在的话，木卫二将是太阳系中除地球之外唯一一个拥有大量水资源，并且有可能存在生命的星球。

▲深蓝

在地球上，海洋的总容量大约为 13.7 亿立方千米，几乎是海平面以上所有陆地体积的 1000 倍。在海洋中，各种生物无处不在，不像在陆地上，生物只紧贴着地表或在靠近地表的空间里生活。因此，海洋中的生存空间是巨大的，那里是地球上最重要的生物栖息地。

▲热带海洋

　　世界上的海洋环境是多种多样的。其中一种很极端的情况就是在热带地区，海洋里接近地表的水域温暖而洁净，其中孕育的生物种类繁多，令人眼花缭乱。但这些生物往往数量不多，因为洁净的海水里食物也很少。

▲冰洋

　　另一种极端海洋环境在地球两极地区，海洋表面在一年的绝大多数时间里都处于冰冻状态，只有几种动物能够应对这种生存环境。但这几种动物数量众多，因为冰冷、不透明的海水蕴含丰富的食物资源。

世界上的海洋

北冰洋

大西洋

太平洋

印度洋

南大洋

　　世界上的海洋被大陆分割成四大洋，大西洋、太平洋和印度洋又在南大洋融为一体。每个大洋都有其独特的风貌，但它们的海水是相通的，并且在各大洋之间不停地流动。

大小和深度		
海洋	占地面积	平均深度
太平洋	1.66亿平方千米	4280米
大西洋	8200万平方千米	3300米
印度洋	7400万平方千米	3890米
北冰洋	1200万平方千米	990米
南大洋	3500万平方千米	3350米

▲生命之水

　　液态水对生物至关重要，这点不仅适用于地球，在宇宙中的任何地方可能也是如此。水是构成生物体必不可少的物质，而水中承载的各种化学物质能够结合生成复杂的蛋白质分子和脱氧核糖核酸（DNA）。35亿年之前，很可能正是由于这些化学物质在海水中出现，使海洋生命得以诞生。

近海石油钻塔▶

　　海洋蕴含着丰富的食物、石油、矿产和其他各种自然资源，海上商路也已被开发利用了很多世纪。但是，海洋也是一种很危险的环境。它的破坏力极大，除非使用特殊设备，否则无法进行勘探。正因如此，海洋成为地球上最后被勘探开发的地方。

海洋先驱

起初，人们远离海岸去探险，并非出于对海洋本身的兴趣，而是对隔海相望是否有陆地感到好奇。最早期的一些航海者都是为了寻找新的生存之地，比如波利尼西亚人，他们早在 2000 多年前就在太平洋中的很多岛屿定居下来。随着时间的推移，人们开始渡海从事贸易和掠夺。与此同时，人们为满足自己的需要，也开始了对海洋本身的探索——绘制海图、了解海洋的秘密。

▲古代水手

澳大利亚原住民或许是世界上最早探索海洋的人，约 5 万年前，他们从印度尼西亚横渡了帝汶海。大约 3500 年前，波利尼西亚人从太平洋的西部海岸出发，在太平洋这个地球上最大的海洋中，开始缓慢地拓展生存领域。1000 多年前，就像我们在这件雕刻品中看到的那样，维京人驾驶他们的航船，向西横渡大西洋，到达了美洲。这比克里斯托弗·哥伦布（1451—1506）到达美洲的时间早了 500 年。

◀东方船队

中国的郑和（约 1371—1433）是最早率领船队探索印度洋的人之一。15 世纪早期，他先后 7 次下西洋，造访了南亚次大陆、阿拉伯半岛和东非地区。他指挥的这只船队阵容庞大，包括大小船 300 多艘，其中有一艘船体巨大，有 9 根桅杆，是 1492 年哥伦布横渡大西洋时所驾驶船只的 5 倍大。

费迪南德·麦哲伦▶

世界上首次环球航行其实是一场意外。1519 年，费迪南德·麦哲伦（1480—1521）没有途经当时由葡萄牙人控制的印度洋海域，率船队从西班牙向西横渡大西洋和太平洋，到达了印度尼西亚香料群岛。此后他本想原路返回，但在一场争斗中，他被杀死了。于是，船员们决定继续向西航行，他们穿过印度洋，回到大西洋。麦哲伦出发时带了 265 名船员，最终只有 18 人生还。

弹簧和天平使计时器能够在海面恶劣的条件下精准工作

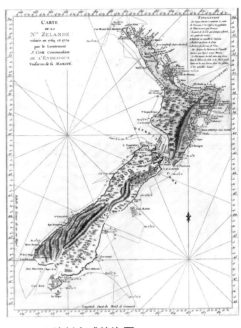

◀寻找航线

早期的航海者们没有精确的航海图或观测仪器。他们凭借天空中太阳和星星的位置来判断自己向北方航行了多远距离，而向西或向东航行的距离就只能靠猜想臆断了。航海者们需要一种能在海上精确计时的计时器。18世纪，英国钟表工匠约翰·哈里森（1693—1776）最终完善了这种计时器的制作工艺，由此引发了航海革命。

▲绘制全球航海图

正确的航行需要绘制准确的航海图。许多航海图都是按照18世纪、19世纪远征考察船队测量得出的数据绘制而成的。比如，詹姆斯·库克船长（1728—1779）曾多次远征考察太平洋，并绘制出澳大利亚东海岸和很多岛屿，其中包括库克船长在这张航海图中标注出的新西兰岛。此后又出现了很多的航海考察，如19世纪30年代，罗伯特·菲茨罗伊船长（1805—1865）率领英国皇家海军舰艇小猎犬号的航行。这次航行后来因其随船博物学家查尔斯·达尔文（1809—1882）影响深远的学说而闻名于世。

四大刻度盘分别显示日期、小时、分钟和秒钟，这是哈里森第一个制作成功的计时器的一大特点

▶地球的尽头

世界上最晚精确探测的海洋是海面上漂浮着冰块的北冰洋和南大洋。为了在北冰洋和亚洲之间探索出一条连接彼此的西北通道，许多船队、海员永远消失在了茫茫大海中。南大洋环绕着南极大陆，航海条件更加险恶，但在查尔斯·威尔克斯（1798—1877）、詹姆斯·克拉克·罗斯（1800—1862）等人的探索下，人们逐渐绘制出了南大洋的航海图。这幅油画所描绘的是1842年，罗斯船队的两艘舰艇——英国皇家海军舰艇埃尔伯斯号和特罗尔号面临南大洋上巨大冰山威胁的场景。

▲随船自然学家

19世纪，人们克服种种困难驾船出海，主要是为了发现新大陆，并对新大陆进行测绘。同时，他们也会随船带上几名博物学家，其中最著名的是查尔斯·达尔文，他参与了小猎犬号的航行。图中所示为这艘舰艇在火地群岛停泊。达尔文在航行中采集了各种海洋生物，检测了海水的性质，并对火山岛、珊瑚礁和环形珊瑚岛的形成，以及生活在其中的各种生物的起源进行了大胆推测。

▲挑战者号的远征探险

英国皇家海军舰艇挑战者号是一艘退役的测量船，它在1872—1876年的远征航行是世界上首次尝试了解海洋自身运转情况的探索之旅。船上的物理学家、化学家和生物学家们通过挖掘、捕捞和使用缆绳测算水深等方法，对海洋进行了测量和取样，甚至在深海区域也如法炮制。他们发现了4700多个新物种，绘制了海床的大致轮廓，包括海脊、海沟和深海平原。

▲现代海洋学研究

现代的海洋研究测量船通过环球航行采集各种数据，并将数据发回各个海洋学研究所分析整理，如美国的伍兹霍尔海洋研究所和斯克里普斯研究所，以及欧洲的南安普顿和那不勒斯研究所。这些研究所彼此合作，针对海洋学涉及的各个科学领域展开研究，比如海洋物理学和化学、海洋生物学、地质学、气象学等。而这些领域之间复杂的相互关系，使得海洋学成为当前最耗费时间和精力的科学研究之一。

海洋学

18世纪和19世纪，詹姆斯·库克船长和查尔斯·达尔文的航海探索开创了海洋学研究的先河。他们采集了很多重要的海洋信息，如洋流、温度、深度、海洋地质、海洋生物等。但直到19世纪末期，随着英国皇家海军舰艇挑战者号的航行，海洋学作为一门学科才正式诞生。这次航行的既定目标是尽可能多地采集各种海洋信息，均交由海洋学研究所分析整理，为今后开展进一步研究奠定了基础。

▶**声呐测量**

　　早期科研船花费大量时间用于测量海洋深度，当时使用的测量工具是一种长度特别长、下端坠有重物的缆绳。后来，这种测量方法被回声测深和声呐技术所取代。随着时间的推移，人们又发明了侧扫声呐技术，这种技术能生成海底三维图像，如右图就是位于南美大陆附近的一张太平洋海底图像。

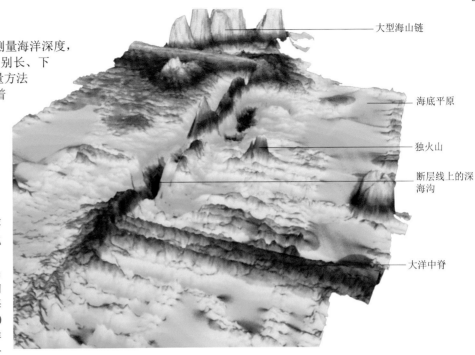

大型海山链

海底平原

独火山

断层线上的深海沟

大洋中脊

◀**深海钻探**

　　许多海洋学理论都是在科研考察的基础上得出的。人们在世界各地各个深浅不一的海底采集岩石样本，从而将海底地面的构成情况绘制出来。日本的地球号钻探船可以停泊在水深 2500 米的海面上进行深海钻探作业，并钻透距离海底 7000 米甚至更深的地球地壳——这样的海上作业深度超过了世界第一峰——珠穆朗玛峰的高度。

卫星信息

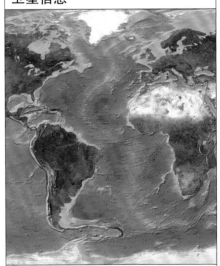

　　卫星采集到的数据对海洋学家来说极为重要。卫星上的探测器能够测量地球各地的重力，从而绘制出迄今为止最精确的海底图像（如这张大西洋图像）。其他卫星探测器则能够采集诸如温度、覆冰量、洋流、浮游生物分布等数据，根据这些数据，即可精确绘制出最新的海洋地图。另外，卫星图像也为我们观察海洋天气体系提供了极好的视角，比如观察飓风。

探测海洋的深度

几个世纪以来，人们一直使用简单的潜水钟对浅海地区进行科研探索。但随着水深加大，水压随之增强，这种巨大的压力足以将潜水钟挤压成碎片。因此，探测深海地区一直是可望而不可及的一件事，直到深海潜水器被成功研制出来。世界上第一台潜水器就像一个耐压的金属球，里面装了秤砣和浮子，用于控制自身的下沉和上升。建造于1962年的阿尔文号是世界上第一艘新型载人潜艇，它能够在水下灵活作业，轻而易举地在深海海底进行样本采集和图像拍摄。

◀潜水钟

早在1690年，潜水钟就被用于打捞海上遇难船只的残骸。它们通常是木质的，顶端密闭不漏水，底部开口。船只承载潜水钟到达预定地点，即用缆绳将它悬放入水中。潜水钟下沉至海床后，钟内的气压能够有效防止海水涌入钟内较高位置，潜水员戴着一顶特制的、有软管连接潜水钟内所存空气的头盔，走到海床上进行各项工作。

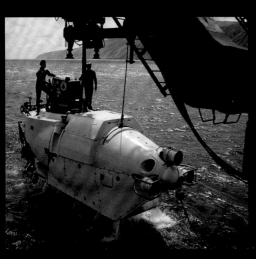

◀阿尔文号

阿尔文号的所有权属于美国海军，但实际由位于美国新英格兰地区的伍兹霍尔海洋研究所使用。它能搭载2名科学家和1名领航员，最深潜到水下6000米。阿尔文号于1964年首次潜水，此后又潜水作业了4400余次。它于1977年探测发现了深海热液喷口，同时它也是世界上第一艘载人勘察泰坦尼克号沉船的潜艇。

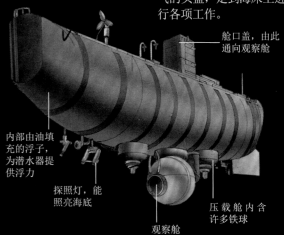

舱口盖，由此通向观察舱

内部由油填充的浮子，为潜水器提供浮力

探照灯，能照亮海底

观察舱

压载舱内含许多铁球

▲深海潜水器

1960年，雅克·皮卡德（1922—2008）和唐·沃尔什（1931—）搭乘深海潜水器的里雅斯特号潜入太平洋最深的海域，到达了前所未有的水下深度10 916米。的里雅斯特号是一个金属制的球体，它主要依靠一个体积巨大且内部由油填充的浮子使它悬浮在水中，同时凭借铁质压载舱增加自重、控制下沉。皮卡德和沃尔什随的里雅斯特号下沉了好几个小时才到达海底，他们在此观察了20分钟，随后卸掉铁质压载舱，重新返回水面。不过，这次他们在海底看到了一条鱼正在游动，从而证明了生命能够在海洋极深的地方存在。

◀载人潜艇

在深度4000米的水域，载人潜艇至少需要2小时才能从海面沉降到海底。领航员和科学家们就挤在这个狭小憋闷但非常坚固的金属圆球里。他们关闭潜艇外部的电灯以节省能耗，直到潜艇触及海底。然后，他们开启潜艇外部的电灯照明，进行查看、勘探、样本采集、将视频图像传回母舰等工作。

光线　温度　压强　深度

核潜艇，无法承受深海的压力

使用水下自给式呼吸器的潜水员，下潜的极限深度为50米

20℃ (68° F)

5℃ (41° F)

20 atm

200 m

2~4℃ (36~39° F)

大白鲨的潜水深度比潜艇大很多

100 atm

1000 m

吞噬鳗，与其他鱼类相仿，水里的巨大压力对它没有任何影响

400 atm

2000 m

◀深海探测

　　人类无法在深水区域潜水，除非穿着特制的耐压潜水服。耐压潜艇能挑战更深的水域，但其潜水深度总会有一个极限。在不远的将来，遥控运载器将被用于探测深不见底的海沟。而工程师们还在加紧研制一种载人运载工具，使之具有能与遥控运载器相媲美的潜水探测能力。

3000 m

设计之初的深度限制为4500米

2~4℃ (36~39° F)

4000 m

5000 m

2~4℃ (36~39° F)

深海6500号载人深海探测船，潜水深度达到6537米

6000 m

600 atm

中国大洋矿产资源研究开发协会研制的潜水器，设计潜水深度为7000米

7000 m

8000 m

▲遥控运载器

混合遥控运载器，将在极深的海底操作运行

9000 m

　　目前，许多深海探测都是用遥控运载器下潜到既定地点，再将海底的视频信息传回水面或载人潜水艇。很多时候，特别是对危险地带进行探测时，使用环球探索号（如上图所示）这样的遥控运载器比使用载人探测器要好得多。它们是探测沉船、洞穴内部或者极地冰面下的理想探测工具。

1000 atm

深海挑战者，已经抵达马里亚纳海沟的底部

海底

自从 19 世纪人类开始探测海洋深度，科学家了解到，海水所覆盖的地球表面并非只是一个普通的盆地。他们发现，靠近海岸的浅海是海洋的边缘，深海区域则遍布着水下火山和狭长的山脊。此外，他们还发现了海沟，从海底裂开，一直延伸到地壳深处。他们根据收集的数据绘制出令人惊叹的海底地图，从而将海底的地貌特征展现出来。

海底的各种地貌

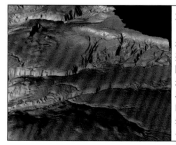
大陆架
在海洋边缘的浅海区域，海底的地貌叫作大陆架。图中，黑色的区域代表陆地，而大陆架能从海岸向远离陆地的方向延伸很长一段距离，并通常被深不见底的峡谷所阻断。在大陆架的外沿，地势缓慢倾斜，直至与海底连为一体。

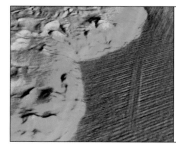
深海平原
如图中蓝色区域所示，覆盖着软泥、沙粒以及其他沉淀物的一片广阔的海底区域就是深海平原。这些沉淀物通常在海底累积起厚厚的一层，掩盖了下面凹凸不平的海底基岩的轮廓。

大洋中脊
图中红色区域是一座孤立海中的海底山，它也是大洋中脊的一部分。海脊相连，形成了地球上最为绵长的山脉，也形成了一个环绕地球的巨大网络。它们都是黑色玄武岩嶙峋的山峰。

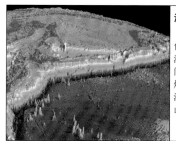
海沟
如卫星照片所示，深蓝色区域即是海沟，它位于深海和靠近亚洲大陆的浅海中间。海沟通常与地震和火山爆发有关，其中有些海沟的深度足以容纳世界上最高的山峰。

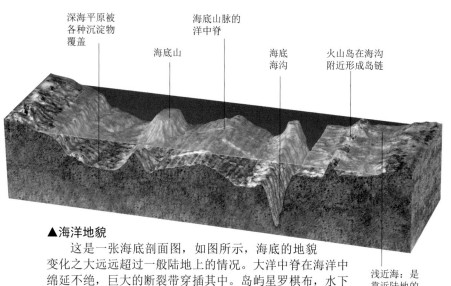

深海平原被各种沉淀物覆盖　海底山　海底山脉的洋中脊　海底海沟　火山岛在海沟附近形成岛链

浅近海：是靠近陆地的海洋边缘

▲海洋地貌
这是一张海底剖面图，如图所示，海底的地貌变化之大远远超过一般陆地上的情况。大洋中脊在海洋中绵延不绝，巨大的断裂带穿插其中。岛屿星罗棋布，水下也山峦起伏，有的甚至连成长长的岛链或山脉。在太平洋靠近陆地的绝大部分边缘海域和印度洋东北部边缘海域，遍布着很多深不见底的海沟，其中一些海沟的深度甚至是世界上海水平均深度的 3 倍。

▼被夸大的高度和倾斜度
在有关海底形态的所有地图和插图中，各种地貌特征的垂直距离都被极度夸大以便特征很容易看出来。水下火山和岛屿看起来就像针一样从海底升起，海沟和大陆架就像是峡谷和悬崖峭壁。不过事实上，这些地貌的形态特征远没有这么夸张。

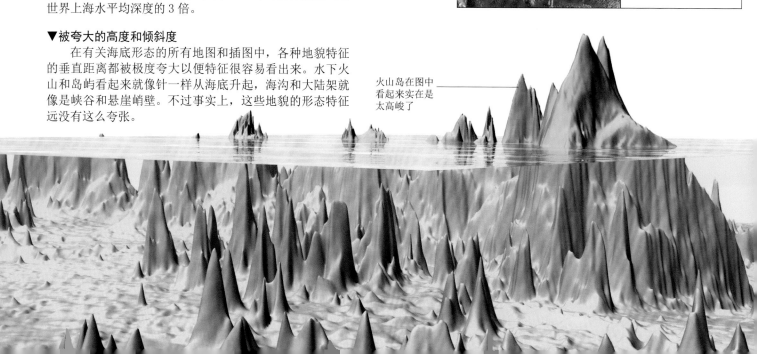

火山岛在图中看起来实在是太高峻了

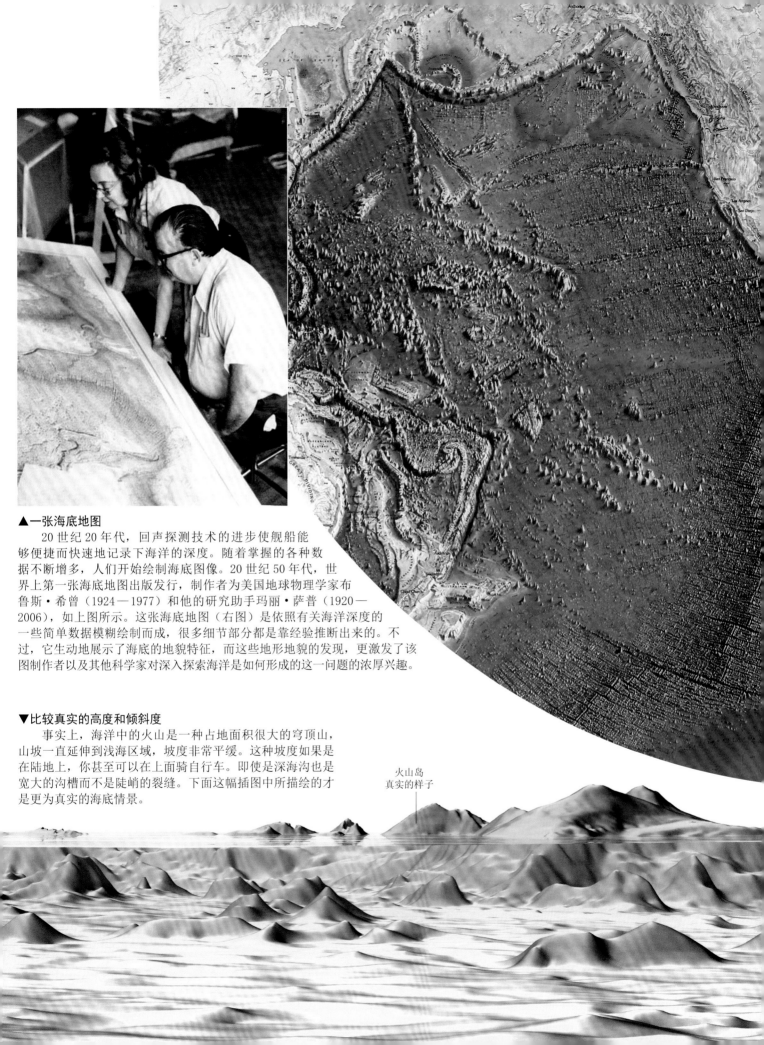

▲一张海底地图

　　20 世纪 20 年代，回声探测技术的进步使舰船能够便捷而快速地记录下海洋的深度。随着掌握的各种数据不断增多，人们开始绘制海底图像。20 世纪 50 年代，世界上第一张海底地图出版发行，制作者为美国地球物理学家布鲁斯·希曾（1924—1977）和他的研究助手玛丽·萨普（1920—2006），如上图所示。这张海底地图（右图）是依照有关海洋深度的一些简单数据模糊绘制而成，很多细节部分都是靠经验推断出来的。不过，它生动地展示了海底的地貌特征，而这些地形地貌的发现，更激发了该图制作者以及其他科学家对深入探索海洋是如何形成的这一问题的浓厚兴趣。

▼比较真实的高度和倾斜度

　　事实上，海洋中的火山是一种占地面积很大的穹顶山，山坡一直延伸到浅海区域，坡度非常平缓。这种坡度如果是在陆地上，你甚至可以在上面骑自行车。即使是深海沟也是宽大的沟槽而不是陡峭的裂缝。下面这幅插图中所描绘的才是更为真实的海底情景。

火山岛
真实的样子

海洋和大陆

　　海盆并不只是一块由海水覆盖着的地表凹陷。在地球表面，海盆和陆地交替存在，但二者的地质构造截然不同。海底沉重的基岩其实是一层很薄的地壳，在地壳之下，就是这个星球的主要构成部分——炽热的地幔。陆地则是由比较轻的岩石层堆积而成，这些岩石在地幔中漂浮，就像水中的木筏一样，地幔的对流导致陆地沿着地球整个表面缓慢而平稳地移动。陆地分裂时，裂口处开始形成海洋。陆地聚合时，原本位于陆地之间的海洋就消失了。

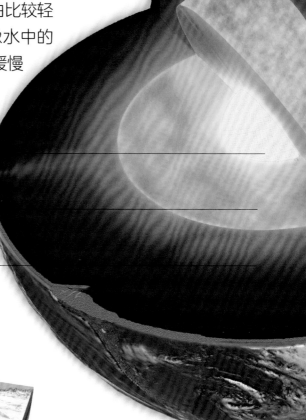

上地幔：局部有熔岩。厚度670千米，温度1000℃

地球层▶

　　地球是小行星在万有引力作用下聚合而成的一个岩石星球。随着这些小行星彼此碰撞，它们释放出的能量足以熔化整个星球。这时，岩石中绝大多数重金属下沉到地球的中心位置，形成了金属地核。环绕地核的固态炽热岩石成为地幔。地幔的表层部分冷却后形成地壳。

内核：由固态金属组成，横截面直径约为2440千米，温度6100～6800℃

外核：由液态金属组成，厚度约为2250千米，温度4000～6100℃

下地幔：由固态岩石组成，厚度2230千米，温度4000℃

大陆架

大陆地壳

大洋地壳

上地幔

下地幔

◀地壳

　　大洋地壳的厚度只有6～11千米，它是由密度大、颜色深的岩石构成的，与上地幔的物质构成类似。大陆地壳的厚度则高达70多千米，不过它的岩石比大洋地壳的岩石质量轻很多。大陆架是被淹没的大陆边缘，位于靠近海岸的浅海水下。

构成地幔和地壳的岩石

橄榄岩

　　上地幔是由橄榄岩构成的。这是一种非常重的岩石，其中富含铁和镁两种金属元素。这种岩石只在海底极少数地方出现，它是从海底下方被挤压上来的。

玄武岩

　　大洋地壳是由玄武岩构成的。它本质上是一种橄榄岩，只不过不含那些密度较大的成分。它以岩浆的形式从海底火山中喷发出来，冷却后形成为黑色的岩石，其表面逐渐变成红褐色。

花岗岩

　　大陆地壳是由许多种岩石构成的，其中最常见的是花岗岩。它由熔岩冷却形成，这种熔岩来自海底深处且冷却速度非常慢。花岗岩的金属含量少于玄武岩，因此它的质量较轻。这也就是它能在密度高、密度大的地幔中"漂浮"的原因。

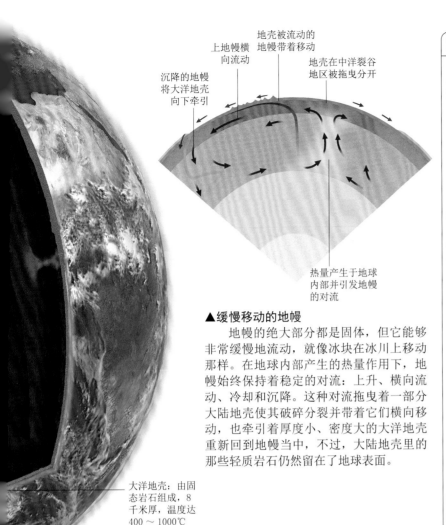

沉降的地幔将大洋地壳向下牵引

上地幔横向流动

地壳被流动的地幔带着移动

地壳在中洋裂谷地区被拖曳分开

热量产生于地球内部并引发地幔的对流

▲ 缓慢移动的地幔

地幔的绝大部分都是固体，但它能够非常缓慢地流动，就像冰块在冰川上移动那样。在地球内部产生的热量作用下，地幔始终保持着稳定的对流：上升、横向流动、冷却和沉降。这种对流拖曳着一部分大陆地壳使其破碎分裂并带着它们横向移动，也牵引着厚度小、密度大的大洋地壳重新回到地幔当中，不过，大陆地壳里的那些轻质岩石仍然留在了地球表面。

大洋地壳：由固态岩石组成，8千米厚，温度达400～1000℃

海洋：由水组成，平均深度约为4千米

大陆漂移

流动的地幔牵动着地壳移动，构成陆地的各层岩石也在地壳移动的拖曳下随之发生移动。这就导致了陆地和海洋在规模和形状上发生改变。

盘古大陆（泛大陆）

大约2亿年前，地球上只有一个面积很大的超级大陆，地理学家称为盘古大陆。它被一片横亘全球的海洋包围着，这片海洋叫作泛大洋。

大陆漂移

1亿年前，北美大陆与欧亚大陆、南美大陆与非洲大陆分别分离，它们之间形成的海洋就是大西洋。此时，印度大陆则向北漂向欧亚大陆。

如今的海洋

在随后的1亿年里，随着美洲大陆继续向西漂移，大西洋变得更加宽广。泛大洋的面积不断缩小，成为如今的太平洋。此外，印度大陆继续向北漂移，最终与亚洲大陆连为一体。

◀移动的板块

在地幔缓慢移动的作用下，地壳分裂为许多独立的板块，这些板块也在持续不断地发生移动。它们或者在形成大洋中脊的离散型边界向两侧滑开，或者在遍布深海沟的汇聚型边界碰撞聚合，又或者在错动型边界彼此交错滑动，即转换断层。这些地壳板块之间的边界地区正是经常发生地震和海啸的地方，周围零星分布着火山和火山岛。

北美洲板块

欧亚板块

鄂霍次克板块

阿拉伯板块

太平洋板块

菲律宾板块

胡安德富卡板块

北美洲板块

加勒比板块

科科斯板块

太平洋板块

纳斯卡板块

南美洲板块

非洲板块

印度洋板块

斯科舍板块

南极洲板块

图例

—— 汇聚型边界

—— 离散型边界

—— 错动型边界

▬ ▬ 尚未明确的边界

大洋中脊

　　大洋地壳板块的离散运动导致了扩张裂谷的产生，海底也随之在这里形成。裂谷扩张能够在地幔中炽热岩石上释放巨大的压力。这种压力是导致炽热岩石在地幔中保持固态的唯一原因，因此一旦压力得以释放，炽热岩石将熔化为岩浆，从裂谷中喷涌而出，成为一种主要成分为玄武岩的熔岩。在冰冷的海水中，这种熔岩逐渐冷却，从而成为覆盖海底的固态岩石。与此同时，裂谷下方形成的岩浆房中岩石膨胀变大，进而抬升裂谷两侧的地壳，形成两条水下山脉，而这两条水下山脉及它们中间的裂谷就构成了大洋中脊。

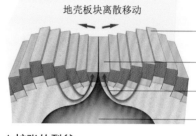

地壳板块离散移动

海脊因岩浆推动而抬高

裂谷随着地壳下沉而形成

烧热的水从海底裂缝中喷射出来

玄武岩的岩浆从海底裂缝中喷涌而出

▲扩张的裂谷

　　随着海底在流动的地幔拖曳下分裂散开，一块块巨大的大洋地壳沿着海底裂开的边界沉降，形成一条海底裂谷。裂谷底部遍布着各种大大小小的裂缝，玄武岩的熔岩以及富含各种化学物质的过热水就通过这些裂缝从地幔中喷涌出来。在裂谷两侧，大洋地壳的碎块被地幔的岩浆抬升到隆起的海脊当中。不过，随着这些地壳碎块逐渐从这片灼热地带移走，它们将再次缓慢下沉。

◀蜿蜒曲折的海脊

　　地壳的上升、下沉运动造就了海底绵延不绝的大洋中脊。其中，大西洋中脊（如左图，希曾－萨普立体海底地形图所示）在海底纵贯16 000千米左右，从南大洋一直延伸至北冰洋。大西洋中脊上，最高的山峰高出海底4000米，但山顶距离海平面依然有2000米。

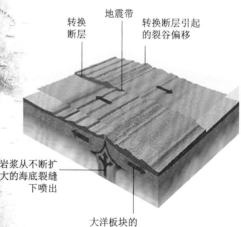

转换断层　　地震带　　转换断层引起的裂谷偏移

岩浆从不断扩大的海底裂缝下喷出

大洋板块的移动

◀转换断层

　　大洋中脊被一条海底长裂缝切割成短小的区域。左边的图包含这些非常明显的特征。扩张裂谷连接的地方叫转换断层。当转换断层的两侧洋底向相反方向移动时，就导致了海洋地震。

◀扩张的南大西洋

　　南大西洋中脊蜿蜒的曲线与南美洲和非洲的形状轮廓十分相似，而这并非是大自然中的一个巧合。大约1.3亿年前，南美洲板块和非洲板块是连为一体的，但后来如左图所示，这两个板块之间产生了一条裂缝，并且裂缝不断扩大。海水填充进裂缝中，并随着裂缝的扩大逐渐在水下形成新的海底，而这片新的海洋就是南大西洋。

▲ 翻滚流淌的熔岩

玄武岩岩浆从扩张裂谷的狭缝中以 1000℃的高温涌出，触及深海中接近冰点的海水。岩浆表面遇冷立即变硬，从坚硬的地壳中向外涌出，从而在表面形成一个个椭圆形凸起。待岩浆完全凝固后，这些凸起看起来就像一个个黑色的枕头，因此也被称作枕状熔岩。在地壳隆起的一些地区，这些枕状熔岩在陆地上也可以看到。

▲ 东太平洋海岭

大西洋中脊正以每年 4 厘米的速度向外扩张，而其他大洋中脊的扩张速度更为迅速。如这张声呐图像所示，东太平洋海岭正在向墨西哥南部扩张，它的扩张速度为每年 22 厘米。不过，尽管东太平洋中脊比较活跃，但它的海底山都不太高。因为东太平洋中脊下方的岩石比较炽热和柔软，无法承受巨大而沉重的山顶。在海底裂谷周围，遍布着许多水下火山和海底热液喷口。

海底黑烟囱▶

海水渗透进裂谷地带深邃的狭缝中，因接触到炽热的岩石而被加热。由于狭缝的深度很深，压强随着深度的增加而加大，因此渗透进狭缝的海水往往需要达到 400℃高温才能沸腾成为水蒸气，而一般情况下，水在 100℃时即已经沸腾并蒸发了。在水蒸气喷发过程中，溶解在水中的各种化学物质会将海水染成黑色，因此这种海底热液喷口又被称作海底黑烟囱。

被加热的化学物质遇到 ———
冰冷的海水，形成了很
像煤烟的小颗粒

◀海底年龄

海底形成于大洋中脊，并随着越来越多的岩石从扩张裂谷中涌出来而逐渐向大洋中脊两侧移动。因此，岩石中，越靠近大洋中脊的越年轻，越远离大洋中脊的年代越久远。不过，海底岩石的年龄没有超过 1.8 亿年的，因为此前形成的那些岩石均已被拖曳回地幔里循环再生了。而与此形成鲜明对比的是，最古老的陆地岩石年龄已高达 38 亿年。通过左侧的地图和图例，可以看到以百万为单位的海底年龄分布。

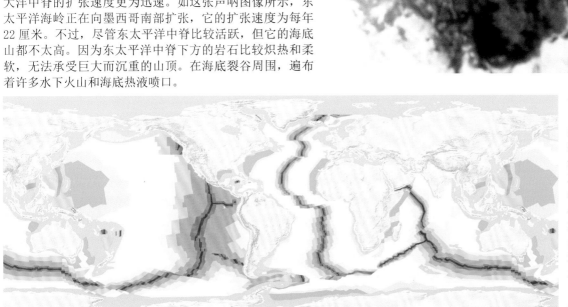

| 0 | 2 | 5 | 24 | 33 | 55 | 65 | 84 | 120 | 142 | 180 (百万年) 年龄未标出的 |

热点和海底山

　　并非所有的海洋地壳都形成于大洋中脊的扩张裂谷。在炽热的地幔上，遍布着很多极热的区域，它们被称作地幔柱。其中很多地幔柱都在远离各个地壳板块边缘的地方，形成了永久热点。这些热点烧穿地壳，喷发熔岩形成火山。随着地壳的移动，火山逐渐远离热点，成为不再喷发的死火山。而与此同时，另一座新火山又在热点上喷发形成。长此以往，就形成了火山岛链和成千上万的被称作海底山的水下火山。

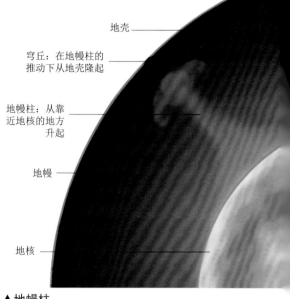

地壳

穹丘：在地幔柱的推动下从地壳隆起

地幔柱：从靠近地核的地方升起

地幔

地核

▲ **地幔柱**
　　导致热点产生的地幔柱很有可能是从接近地核的深层地幔中升腾出来的。每一个地幔柱都会推动海底地壳隆起一个宽穹丘，比如横跨 1000 千米、纵深 1.6 千米夏威夷群岛，同时，在穹丘的中心还会喷发出一个更高的火山。

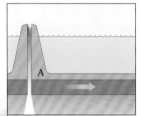

① 第一座火山从热点上喷发而出，形成一座火山岛

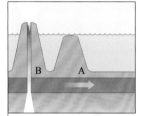

② 火山漂离热点成为死火山，同时，一座新的火山喷发形成

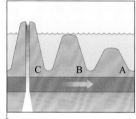

③ 死火山逐渐下沉，与此同时，又有一座火山喷发形成

◀ **火山链**
　　热点将地壳烧出一个洞，从而形成火山 A（如左图所示）。然而，随着地壳的运动，火山 A 被带离热点，成为死火山并开始下沉。一座新的火山 B 形成了，但它也被逐渐带离热点。这时，第三座火山（火山 C）出现了，而最先形成的那座火山 A 可能已经沉到了水下。

▲ **夏威夷**
　　如这张太空俯瞰图所示，夏威夷群岛是太平洋板块以每年 9 厘米的速度向西北滑行通过一个热点地区而形成的。这个热点目前位于夏威夷面积最大的东南岛火山下方，因此这座火山非常活跃。同时可以看到，夏威夷群岛中，位于北部的那些死火山正缓缓下沉，并且体积逐渐变小，它们终将缩减成为一条很长的海底山脉。

◀ **火喷泉**
　　夏威夷的各个火山都是从海底隆起的巨大穹丘。其中体积最大的是冒纳罗亚火山，如果按照从山脚到山顶的距离来算，它比喜马拉雅山脉的珠穆朗玛峰还要高。位于冒纳罗亚山侧面的基劳维亚山是世界上最活跃的一座火山，玄武岩浆持续不断地喷流而出，形成火喷泉，而山体上那一条条由熔岩构成的巨流则翻滚着直接流入了大海。

其他热点岛

加拉帕戈斯群岛

这些火山岛所在的板块正在向东穿越一个太平洋热点，其中，越靠近东边的岛屿年代越久远，而那些西边的岛屿火山活动依旧活跃。这些岛屿因其孕育出独特的野生动、植物而闻名，比如这些海鬣蜥等。

复活节岛

举世闻名的复活节岛雕像是由火山灰雕刻而成的。距今约300万年前，在一个太平洋热点附近形成了三座火山，它们喷发产生的火山灰即成为日后建造复活节岛雕像的原材料。后来，建造这些雕像的三角形岛屿逐渐偏离了热点，而那三座火山如今也均已成为死火山。

▲火与冰

大量的玄武岩熔岩从位于大西洋中脊北端下面的热点喷出，堆积形成了冰岛的火山岛。冰岛上有许多座活火山，其中一座甚至处于冰层之下。海水渗透进海底火山岛炽热的岩石中，被火山加热成过热水和水蒸气喷发出来，从而在海面形成了很多天然的喷泉。

海底山和海底平顶山▶

如右边这张声呐图像所示，绝大多数在海底喷发形成的火山高度都到达不了海平面。有些海底山曾经是火山岛，但如今也已再次沉入海底。在海水波浪周而复始的摩擦作用下，这些海底山的顶部都很平坦，因此当它们被亨利·盖奥特（1807—1884）发现之后，人们便用这名地质学家的姓氏"盖奥特（Guyot）"表示"海底平顶山"。

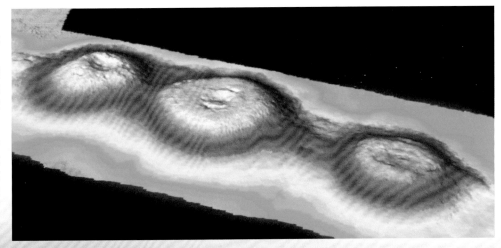

▶珊瑚岛

海底的火山活动也产生了许多绵延不断的海底山脊，特别是在印度洋海域，海底山连接在一起，形成了此起彼伏的海底山脉。这就为像马尔代夫这样的珊瑚岛的形成奠定了环境基础。

海沟

由于不断有新的海底在大洋中脊生成，有些海洋，如大西洋，每年都在不断扩大。但地球的表面积是不会变大的，因此当有些海底面积扩张时，其他海底面积就会相应缩减，它们的边缘将沿着被称为俯冲带的破坏性板块边缘下沉，重新回到炽热的地幔当中，而海沟、漫长的火山链、山脉、地震和海啸等也在这一过程中形成和发生。

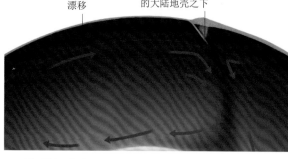

海底在流动的地幔的带动下向东漂移

大洋地壳被流动的地幔拖曳着并沉降到密度较小的大陆地壳之下

▲破坏性板块边缘

在流动地幔的拖曳下，原本形成于大洋中脊的大洋地壳逐渐向四周扩散开来。这一过程有可能只是促使海洋面积的扩大，但在东太平洋地区，大洋地壳一直向东漂移到达靠近南美洲板块的秘鲁－智利海沟，并在地幔的拖曳下沉降到密度较小的大陆地壳之下，直到逐渐消失在地幔之中。

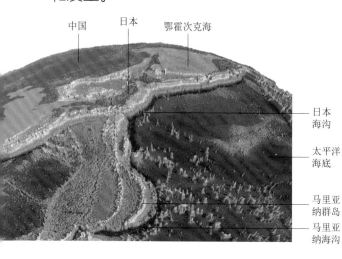

中国　日本　鄂霍次克海

日本海沟

太平洋海底

马里亚纳群岛

马里亚纳海沟

◀水下鸿沟

地壳消亡的区域叫作俯冲带，这里的显著特征是深邃的海沟以及与之相伴而生的火山岛链。海沟是海底被地幔沉降流动作用拖曳着下沉到地球炽热内核当中，从而在地表形成的地貌特征。虽然它们的表面局部或者完全被各种沉淀物覆盖了，但有些海沟的深度甚至是附近海底深度的3倍。位于西太平洋的马里亚纳海沟，其最低点接近海平面以下11千米，是世界上最深的海沟。

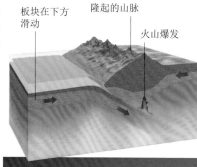

板块在下方滑动　岛弧　岩浆被挤压上升

◀大洋边缘

由于大洋地壳的俯冲板块插到另一板块下方并陷入炽热的地幔，原有的地壳岩石开始熔化。熔化的岩浆从位于上层板块边缘的火山口喷发而出，通常会形成绵长的弧形火山岛链，又被称作岛弧。

板块在下方滑动　隆起的山脉　火山爆发

◀大陆边缘

当海底被拖曳到大陆板块之下时，以南美洲板块为例，板块间的巨大摩擦力导致大陆边缘扭曲变形，隆起高耸的安第斯山脉。而那些位于大洋边缘，原本能够形成岛弧的火山将通过这些山脉喷发岩浆。

▲岛弧

这张太空俯瞰图显示的是位于北太平洋地区的阿留申岛弧。这种火山岛弧能够勾勒出板块边缘。随着时间的流逝，岛弧上的岛屿的面积将逐渐变大，连为一体，从而形成一座形状狭长的岛屿，如位于巽他海峡的爪哇岛。

▲山脉

如图中的安第斯山脉所示，那些沿着大陆边缘崛起的褶皱山脉起初都高大崎岖。群山之中掩映着许多座火山，而山体上的岩石往往含有稀有而贵重的矿，如铜、银、翡翠等。

◀地震带

俯冲带因地震频发而闻名。在俯冲带地区，沿活动板块边缘分布的岩石经常突然断裂，从而引发地震。日本群岛就位于这种俯冲带上，并且各个岛屿均沿着以日本海沟所勾勒出的板块边缘线分布。在日本，地震犹如家常便饭，每年1000次左右。而每隔几年，日本便会爆发一场大地震，对当地造成大规模的破坏，如2011年，地震引发的巨大海啸对日本东北部造成毁灭性破坏，并引发核电站核泄漏。

太平洋火环

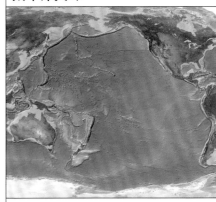

如这张卫星图像中的黑色线条所示，从新西兰到南美洲，太平洋被一连串的海沟和成百上千的火山所环绕，这一现象被称作太平洋火环。在沿太平洋火环地区，海底遭到持久的破坏，致使太平洋的面积以每年2.5平方千米的速度不断缩减。

火山岩在火山爆发的巨大冲击力下瓦解为碎片，随火山灰一起涌出

▲火山灾变

在俯冲带地区，火山爆发产生的熔岩要比从大洋中脊喷发出的熔岩浓稠得多。俯冲带的熔岩能够堵塞火山口，增大火山内部压力，并导致爆炸式的火山喷发，如1991年菲律宾的皮纳图博火山突然猛烈地喷发。

海啸

当海底发生地震时，海水会产生剧烈的起伏，进而形成迅速向前推进的强大冲击型波浪，我们将这种现象称为海啸。通常在开阔的海域中，海啸形成的波浪宽广低矮且波长较长；但当其到达浅水海域时，波浪会逐渐变短并且高度陡增，形成极高的波峰和同样深度的波谷。最后，波谷会先于波峰到达海岸，致使海潮长距离的后退，而随后到达的波峰则会对海岸产生强烈的冲击。

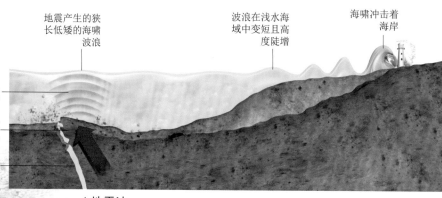

▲地震波

地震大多是由于地壳截面沿板块边缘的突然滑动导致的。在地壳俯冲带，平稳下沉的板块会带动其他板块下沉并在随后突然将其释放，这时板块会向上抬起，同时也会将海水带起，海水向其他方向散开后，便形成了海啸。

◀张裂运动

地壳板块一直处于不停的运动状态。如果这种运动是稳定的，那么地壳只会出现一些有规律的小震动；但是如果板块彼此之间互相阻碍的话，地壳将会扩张拉伸直到发生断裂。在这种情况下，一旦地壳的扭曲程度达到 3 米，岩石将会在极短的时间内移动同样的一段距离以缓解张力。这种张裂运动所带来的巨大冲击可导致地震的形成。

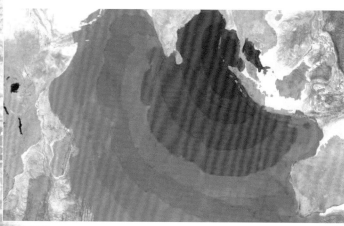

▲辐射波

发生于 2004 年的北苏门答腊岛附近的爪哇海沟地震引发了当年损伤严重的印度洋海啸。那次地震所产生的断裂带足有 1200 千米长，且岩石的纵向位移达到了 15 米。由此引发的海啸所产生的辐射波以每小时 800 千米的速度迅速在印度洋上扩散，上图中的每条带状区域表明了波浪在每小时内所移动的距离。

▲ 大灾难

当海啸到达海岸时，会形成山一样的巨型海浪，所到之处能够摧毁一切。上图所示为发生在 2004 年的印度洋海啸，在这次海啸中，苏门答腊岛附近的广大地区遭受到了灭顶之灾，仅印度尼西亚死亡人数就超过了 10 万。海啸对于人类居住地的破坏程度要远远大于其对自然栖息地的影响。

▲ 浮出海面的沉船

引起海啸形成的海底隆起带对于附近的海岸地区会造成巨大的影响。在 1964 年的阿拉斯加地震期间，在短短的 3 分钟内，该区域的太平洋洋底就向下滑动了 20 米，部分海岸却上升了 10 米。在这一过程中，近海岸的暗礁被抬升到了海面，随之出现的还有一艘以前就露出半个船身的古代沉船。

▲ 预警

1946 年夏威夷海啸发生后，一套可对类似灾害预警的系统在太平洋上建立起来。当这套系统装置在海上平稳漂流时，其装载的浮标会对海浪进行随时的监控，一旦有海啸发生，它们会提前将数据传送到岸上。但遗憾的是，在印度洋 2004 年海啸发生时，类似的海啸预警系统还未建立。

海岸侵蚀

　　海浪的不断撞击缓慢地侵蚀着大陆的边缘地带，在这种侵蚀作用下，海岸逐渐形成，但在此过程中，大陆架始终位于海平面的下方。同样也是由于侵蚀作用的影响，海岸上的岩石还会出现海蚀洞、海蚀崖和岩礁等的侵蚀地貌。与此同时，岩石碎屑会沿着海岸被海浪冲到铺满圆卵石的海滩、沙滩或是泥滩上较荫蔽的地方堆积起来。这样一来，海岸的部分地区会因海浪的侵蚀而变小，而在其他地区又会延伸出来新的海岸和沙滩。

▲海蚀崖

　　在陆地远远高于海平面的地方，岩石边缘被侵蚀后，上面的岩石便形成了陡峭的海蚀崖，这种悬崖底部的岩石地基通常会延伸至海中，形成了大陆架的近海边缘。

▲海蚀洞

　　岩石距海平面的距离越高，它所受海浪的影响就越小。由于海浪侵蚀作用的影响，部分岩石会因此倒塌落入海里而形成海蚀洞，而其顶部和两侧的岩石由于距海面较高和质地较坚硬则会免于受到侵蚀作用的影响，而逐渐形成海蚀洞的顶部或两侧的海蚀拱。

▲波浪能

　　破碎波浪会冲入岩石的裂缝里，促使岩石碎裂，久而久之，岩石上便会形成一些洞穴。当海浪继续冲击这些洞穴后，它们便会坍塌，余下的部分便形成了陡峭的悬崖。这个侵蚀的过程在一些经常遭受强风和大浪袭击的海岸上显得尤为强烈。质地较软的岩石被侵蚀的速度更快，逐渐在布满坚硬岩石的海岬间形成了一个个海湾。

▲海蚀柱

　　海蚀洞在受到进一步的海浪侵蚀后，顶部的岩体会发生坍陷，残留下来的海蚀拱会在涨潮时被潮水从海岸岩石上隔离出来，逐渐形成了一个个孤立挺拔于岩滩之上的海蚀柱。组成成分都是一些非常坚硬的岩石，通常能屹立多年，而海滩的其他部分早已被海浪侵蚀殆尽。海蚀柱还是海鸟孕育后代的栖息地，因为把巢筑在上面是非常安全的。

◀沙石滩

　　粗大的石块落到海里时，会被震碎成大小不一的巨砾、卵石和沙子。沉重的大石块不会被移动，而较轻的石块和沙子则会被潮水冲到海湾里或是海岸上，形成了堤岸或者沙滩，它们可以保护海岸免受暴风雨的猛烈袭击。

海滩和沙嘴

月牙滩

当海浪以一倾斜角度涌向海岸时，会形成一股平行于海岸的冲流，这股冲流会将海中的沙石向两侧冲击，这个现象被称为沿岸漂移。沙石会沿海岸缓慢漂流移动，并逐渐向一个海岬延伸。这个现象通常会形成美丽的新月形海滩，例如著名的位于巴西里约热内卢的科帕卡巴纳海滩。

长滩

如果海滩沿岸没有海岬的话，泥沙等沉积物会一直在海浪的作用下随着海岸线漂移，逐渐会形成一个非常长的海滩，例如上图中的英国南部海岸。通常情况下，当长滩遇到从开阔型海域中隔离出来的潟湖时，会沿原路折回。

沙嘴

长滩向开阔海洋延伸形成沙嘴。由于不断有更多沿岸漂移的水中物质的补充，位于河口处的沙嘴面积会不断地增大。图中所示的是位于美国俄勒冈州的克拉特索普沙嘴，长度约为4千米。

泥滩▶

当河流汇入海洋的时候，河流中的一些细软黏稠的泥沙会沉淀下来形成河堤，并逐渐向海洋延伸形成河流三角洲。通常在这部分区域表面都会有数条携带沉积物的河流通过，如右边这张卫星图所示的位于孟加拉国的恒河三角洲。

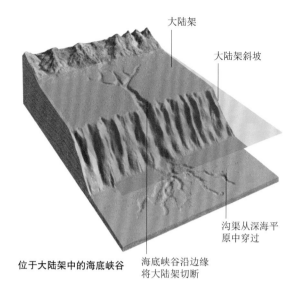

位于大陆架中的海底峡谷

大陆架

大陆架斜坡

沟渠从深海平原中穿过

海底峡谷沿边缘将大陆架切断

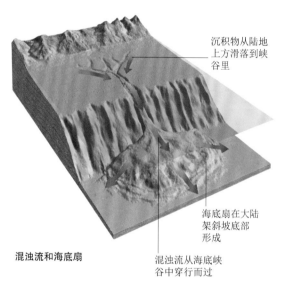

混浊流和海底扇

沉积物从陆地上方滑落到峡谷里

海底扇在大陆架斜坡底部形成

混浊流从海底峡谷中穿行而过

▲泥石流与峡谷

　　岩石和泥沙从大陆架上方倾泻而下落到海底，特别是在暴风雨和地震发生时，这种现象尤为猛烈，水流会混合这些岩石和泥沙流动，我们称之为混浊流。这种密集而沉重的水流对于大陆架边缘的峡谷具有强烈的冲刷作用。例如，在美国的东海岸，那里的峡谷深度大多在800米左右，海底沉积物从河口处开始呈扇形向整个峡谷扩展，形成了一个将大陆架斜坡底部和深海平原连接起来的大陆隆。

浮冰排▶

　　在极地地区，冰川和巨大的冰块向海岸方向流动。它们在流动的同时，还夹杂了大量沉重的碎岩石，这些碎岩石是被不断漂移的冰块从海底岩石里带出来的，有时由于夹杂了大量的矿物质，冰块会因此几乎变为黑色。当冰川触到海洋时，它们便会分解成为一个个的冰山，这些冰山会慢慢地漂动，并且逐渐融化。当冰山在海底的某处最终固定下来后，它们所夹杂的岩石碎块和泥沙便会流到海里。这个过程促进了南极洲附近宽广的深海平原的形成。

深海平原

　　陆地上的岩石时时刻刻都在遭受着风、霜、雨和海岸侵蚀所带来的磨损。碎石和泥沙这些沉淀物被河流冲到海洋中后，会在河口附近的海底形成扇形堆积区域，我们将这种区域称为海底扇，一些海底扇的面积非常大，甚至会因为它们的重量使地壳扭曲。这些沉淀物通常会向下流动到位于大陆架边缘的大陆坡中的峡谷里，并且还会在谷底形成厚重的沉积层。它们同时会逐渐向周围地区扩散，最后会在海底形成一个覆盖面极广的由松软沉积物构成的深海平原。这些沉积物中也包括随风飘落的尘埃、泥土和冰山融化后掉落的泥沙，也有大量沉到海底的海洋微生物的残骸，这些杂质混合到一起后形成了厚厚的软泥层。随着时间的流逝，这种松软沉积物会变硬而成为沉积岩，而几百万年以后，地壳运动也许会使这些沉积岩上升而形成新的陆地。

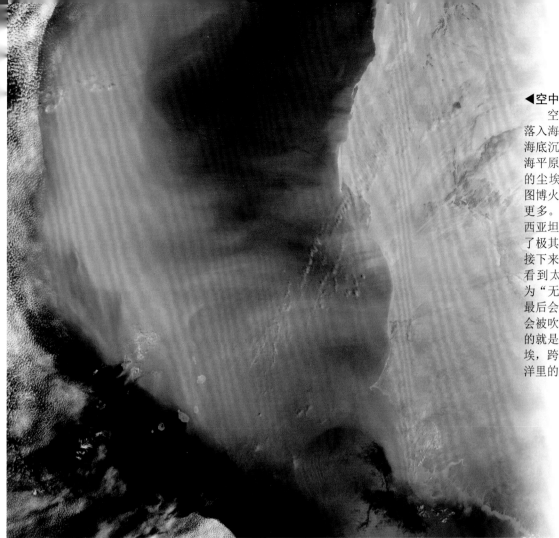

◀空中的尘埃

空中悬浮着大量的尘埃，它们落入海洋后，会慢慢沉入海底，与海底沉积物堆积在一起逐渐形成深海平原。火山爆发时会喷发出大量的尘埃，例如1991年菲律宾皮纳图博火山大爆发，所爆发出的尘埃更多。而发生于1815年的印度尼西亚坦博拉火山大爆发同样喷发出了极其大量的尘埃，以至于人们在接下来的几个月内，都无法清晰地看到太阳，因此，1816年也被称为"无夏之年"。大量的火山尘埃最后会落入海洋。沙漠里的尘埃也会被吹走，左边这张卫星图所显示的就是风暴席卷西撒哈拉沙漠的尘埃，跨过佛得角群岛吹到热带大西洋里的情景。

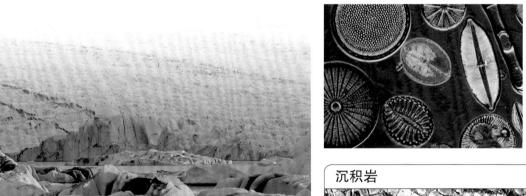

◀生物软泥

深海平原中也含有生物软泥，它们是由如硅藻这样的海洋微生物的残骸构成的。但是生物软泥在非常深的海域里会自动分解，所以海底最深处的主要沉积物是细泥，这种细泥由于含有分解后的氧化铁会呈现红色。

沉积岩

在经历几百万年后，原来的海底沉积物被压紧形成了坚固的岩石，在其特有的岩层中保存着其形成的记录。在岩石的形成过程中，会有一些海洋动物沉降到里面，它们随之变成了化石，例如上图中存于石灰石中的塔螺。不同种类的沉积物会形成不同的岩石：石灰含量高的软泥形成了石灰石，白垩和沙土含量高的沉积物形成了沙岩，而泥土形成了页岩，包裹在岩层中的死亡生物体也许并不会分解得十分彻底，在经过一个漫长复杂的过程后，它们体内的碳元素会形成化石燃料，人们会在海岸边搭建石油和天然气平台将它们从海底开采出来，以供使用。

不断变化的海平面

相对于陆地来说，海面总在不断地上升或是下降。当冰期到来时，陆地上的水凝结成冰，而当天气转暖时，冰块又会融化成水流到海洋中。当大型的冰块融化时，陆地压力减小，地壳会有所上升，在经过很长一段时期后，它又会被地壳中移动的板块向上推移。这种现象所导致的最终结果是，形成于海底的沉积岩会出现在陆地表面，很多海岸特征都可表明陆地曾经是沉于海底的。

白垩质软泥

白垩是一种纯白色的石灰岩，主要组成成分是海洋微小生物的残骸。大约在 1 亿年以前的白垩纪，在热带海洋的底部广泛分布着一种叫作颗石藻的生物，它们是生物软泥的主要组成成分。随后，生物软泥被压缩成了白垩，而且厚度达到 400 米，在后来的地壳运动中，厚厚的白垩层又被推升到了地表，形成了波状丘陵和下图所示的位于英格兰南部的白色悬崖这样的地貌。

颗石藻

◀上升中的岩石

在沉积岩被向上推移的地方，由于受到外界的侵蚀，原本位于海底的岩层被暴露出来，同时显露出来的还有夹杂在中间的化石。大规模的地壳运动会将这些岩层重叠在一起，就像左图中所示的岩石海岸一样。

▶淹没景观

最后一次冰期过后，海平面到达了与现在差不多的高度，同时，一些古代的景观也被淹没在海洋之下，深不见底的"U"形冰川峡谷被海水所淹没后，随之出现的是四周陡峭的峡湾，如图中的斯堪的纳维亚半岛。

▶ 上升中的珊瑚礁

在很多热带地区，古珊瑚礁会露出海平面，形成一个珊瑚灰岩高原。其中最大的地区之一是墨西哥的尤卡坦半岛北部。在这里，由于所有的雨水都渗入珊瑚岩洞穴中的地下暗流网中，因此没有地表河流。在一些地区，当这些洞穴坍塌后，地下一些非常美丽的池塘会显露出来，我们称之为天然井。

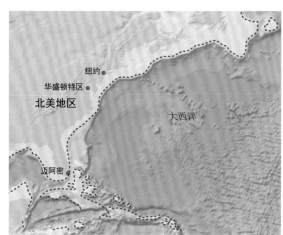

◀ 干涸的海洋

在 1 万年前的最后一次冰期中，世界海平面下降了 120 米甚至更多，原因在于大量水被冷冻在了陆地上成为巨大的冰川。这样一来，陆地面积变得更大了，而且较浅的大陆架也被暴露了出来，左图显示的是北美地区的地图，图中的红色虚线表示的就是当时的海岸线。人类和动物那时生活的陆地如今已经在海平面以下，在进行海洋捕捞的时候，渔网有时也会将他们的遗骸一同捕捞上来。

▲ 冰后回弹

在冰期过后，陆地上的冰块融化流入海洋，从而提高了世界平均海平面的高度。在一些地区，由于冰块的融化减轻了地面的重量，地壳也逐渐上升，这种现象同时也将一些古代海岸提升到了高于海平面的位置，例如上图中英国威尔士的这个海湾。

海水

最初形成海洋的海水主要来自地球内部。在地球形成的早期，火山爆发时会喷发出大量的水蒸气，在适宜的温度和地心引力的共同影响下，这些水蒸气最终凝结成巨大的液态水，这就是我们现在所说的海洋。这些海水非常不纯净，因为包含了很多溶解在其中的气体和矿物质，有些物质使海水具有咸味。海洋同时也含有许多构成生命分子的化学物质，很有可能海洋就是地球生命的摇篮。

▲水的本质

水分子是由氢原子和氧原子组成的。由于静电引力较小的氢键的作用，水分子易于结合成为液体，当温度稍有所升高时，氢键便会断裂开形成水蒸气；而当温度下降时，氢键又会紧密结合起来形成冰。水的性质很特殊，因为它的这三种状态可在同时同地存在。

水分子
氢键
氢原子
氧原子

◀冰

当纯净水的温度降到0℃以下时，较强的氢键会将水分子紧密结合起来形成冰，咸海水的冰点要较之稍低一些，为 -1.8℃。特别的是，冰的密度要比水的稍小些，这也就是为什么冰山和冰块能漂浮在水面上的原因。

◀水

当温度高于冰点时，冰会融化成水。虽然水比冰的密度更大，比重更大，但水分子的结合度要比冰弱一些，它们可以自由运动，这就是水呈液态的原因。但是水分子间的吸引力还是很强的，可以使水结合成为一个个的水滴。

◀云

当温度到达100℃时，水会沸腾并且逐渐转化成为水蒸气。此时的水分子彼此分离并且在空气中自由地流动，但是这种现象也会在稍低的温度下发生，所以在海洋上方总是笼罩着水蒸气。我们肉眼并不能看到海洋上空的水蒸气，但当它们遇冷的时候，便会液化成水滴并形成云。

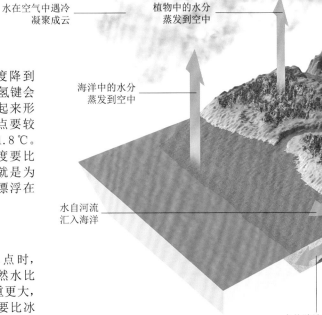

风将云吹向内陆上空

水在空气中遇冷凝聚成云

植物中的水分蒸发到空中

海洋中的水分蒸发到空中

水自河流汇入海洋

水从陆地流回海洋

▲远古火山

大约45亿年前，地心刚刚形成，那时地球上几乎所有的水都来自火山喷发。而火山喷发会产生大量的水蒸气和其他气体，这些混合气体曾经构成了最初的大气。水蒸气凝聚在一起后会形成雨，当雨落到地面上时，便形成了最初的海洋，大约40亿年以前，海洋曾覆盖整个地球。

◀来自太空的水

彗星经常进入太阳系，由于其主要成分是冰和尘埃，因此它们经常会被人们称作"脏雪球"。据推测，在地球的早期历史中，许多彗星都曾撞击过地球，同时它们所含有的冰也会溶解并流入地球海洋中。一些科学家认为，这些来自太空的水中含有大量成分复杂的分子，而这些分子正是地球上的早期生命形成的关键。

水以雪的形式降到地面

冷冻的水形成冰山

水以雨的形式降到地面

水从湖中蒸发到空中

▼海洋中的化学成分

矿物质和气体在水中非常易于溶解，而溶解后所产生的化学物质则成为海水的组成部分。这些化学物质包括碳、氧、氮、磷、钙和铁等对海洋生物非常重要的化学元素，以下图中的这只小龙虾为例，这些元素就可用于它身体组织的构建和体内能量的供给。这些化学元素的大部分都存在于海底的沉积物中，直到有强烈的洋流到来时，它们才会被搅动起来溶入海洋中。

◀水循环

由于阳光的照射，海洋中的水不断地蒸发成水蒸气。在空气中，这些水蒸气会与大气中分解出的其他气体混合在一起，当这种混合气体遇冷时，它们便会凝聚起来形成云。云会引发雨的形成，当雨落到地面后，又会流回海洋，同时也会将地面上的矿物质、泥沙和其他杂质带到海里。左图显示的即为水循环图。

排出的水渗透到地下

河流和溪流从陆地上流入海洋

▼有咸味的海水

从陆地上流入河流的水中往往含有盐分。我们通常认为河水是淡水，那是由于河流中的盐分含量比较低，但是在热带地区，河水被蒸发后通常会留下厚厚的一层盐，就像下图中盐湖边缘那样。蒸发在海洋中时时刻刻都在发生，经过了几十亿年后，海水就像今天这么咸了。海水中盐的主要成分是氯化钠，这与我们在餐桌上使用的盐是一样的。

光和热

由于太阳的照射，海洋的温度会有所升高，但是与极地海洋相比，热带海洋的温度就要高得多。洋流会将这些热量在全球范围内重新分配，让极地海洋的温度变得高些，而热带海洋变得低些。同时，海洋的转冷或转暖都是一个十分缓慢的过程，所以它永远不会像陆地上那么炎热或寒冷，甚至海洋中的冰都比陆地上的冰温度高些。然而，阳光和热量永远只停留在海洋的表层，它们永远不会穿透到海洋深处那些永恒黑暗冰冷的地方。

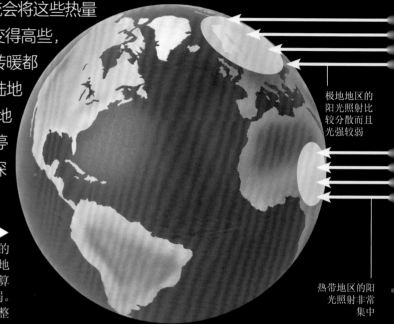

极地地区的阳光照射比较分散而且光强较弱

热带地区的阳光照射非常集中

增加海洋的热量▶

在热带地区，阳光是直射地表的，这使得当地的海洋温度可以达到30℃甚至更高。但在靠近极地的地区，这里的阳光分散照射更广阔的区域，所以，就算是在阳光充足的夏季，阳光强度也会因此有所减弱。到了冬季，由于极地海洋所能吸收的热量更少了，整个海域将会结成一片巨大的海冰。

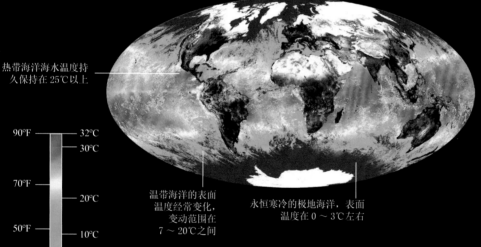

热带海洋海水温度持久保持在 25℃ 以上

90°F	32℃
	30℃
70°F	20℃
	10℃
50°F	
	0℃
30°F	

温带海洋的表面温度经常变化，变动范围在 7～20℃ 之间

永恒寒冷的极地海洋，表面温度在 0～3℃ 左右

◀海洋温度

热带地区的表层海水温度最高，而靠近极地地区则温度最低，但是深层海水的温度永远只稍高于冰点，就连靠近赤道地区的海域也是如此。尽管有上述现象的存在，相比于陆地上146℃的温度范围来说，整个海洋的温度范围只有 40℃。

温度和水层▶

由于阳光的照射，海水变得十分温暖，所以它们会有所膨胀同时密度降低。这使得这部分海水的重量变小并且流动于寒冷密集的海水上方。温暖的表层海水与寒冷的深层海水之间的分界线叫作斜温层，它在热带地区全年存在，可以阻止深层海水与表层海水的混合从而造成供给浮游生物的植物营养无法到达海洋表面，这也是为什么热带海洋看上去都非常清澈的原因。在较冷的海洋中，斜温层会在秋季消失，这样营养物质就可以到达海洋表面去供给那些海洋生物了。

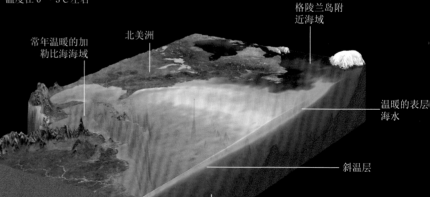

常年温暖的加勒比海海域

北美洲

常年寒冷的格陵兰岛附近海域

温暖的表层海水

斜温层

底层冷海水常年保持 2℃

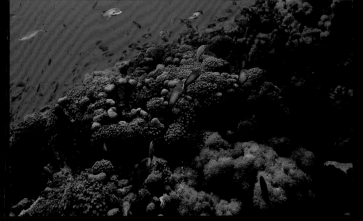

▲光和颜色

就算是在非常浅的海水里，一切看上去也都是蓝色的。那是因为阳光里其他颜色的光都被海水吸收了。首先被吸收的是红光，其次是黄光，接着是绿光和紫光，最后剩下的就只有蓝光了。而在非常深的海域，连蓝光都消失了，只有无尽的黑暗。这就意味着那些需要阳光来制造食物的海洋生物，例如海藻和微型的浮游生物，只能在光线充足的海洋表面生长和繁殖。

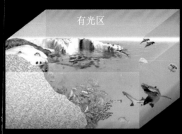

有光区

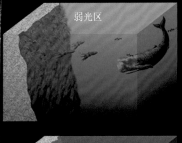

弱光区

黑暗区

◀光照区域

根据海洋对光线的过滤作用，可以将海洋分为三大光照区域。在有光区，有供海藻、浮游生物和其他生物生长繁殖的充足光线。海面 200 米以下是弱光区，这里只有非常暗淡的蓝光，尽管白天会有很多动物从有光区游回，还是很少有动物在这里生存。1000 米以下是黑暗区，除了有一些深海动物发出的诡异的红光以外，这里终年无光。

压力

海水的巨大重量造成了海底深处巨大的压强。人类对大气中的压力已经逐渐适应了，1×10^5 帕左右，而仅在海下 10 米左右的海域，压强就要达到 2×10^5 帕，在 20 米深的海域，压力则要达到 3×10^5 帕。在距海面 3000 米的海底，压力甚至是标准大气压的 400 倍。这就意味着那些工作在 50 米深以下海域中的潜水员必须要穿着右图中的这种特殊的耐压服。载人潜入黑暗区的深海潜水器必须要制造得非常坚硬，其金属外壳要能承受住海底巨大的压强。

▲声音

声音在水中传播的速度是在空气中的 5 倍，这使得鲸这些海洋动物可以在相隔很远的地方相互传递消息。声音在 1000 米深的海域中的传播最为有效，这部分区域被称作深海声道。任何在这里发出的声音都会被控制在这部分海域内，并且会沿原传播路径返回。这种集中效应作用下的声音传播距离十分惊人，可达到 25 000 千米以上。

▲漂移的冰

水变冷后密度和重量都会增加，所以它会沉入水中。但是，当水变成冰后，它的密度便会变小并且漂在水面上，这是因为这时水分子扩展成了一个个结构稳定的蜂窝状六边形结晶格子。在结冰的过程中，盐分会被析出，所以海冰中的水几乎是纯净的。

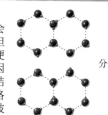

分子冰冻后形成
晶格结构

冰洋

在极地地区，海水在遇到强冷空气的时候会冻结成冰。尽管冰比水的温度要低，但密度要小，所以冰块会在海面漂动而不是沉入海底。厚厚的冰块会覆盖到广阔的海域，形成一个不断漂移的大块浮冰群。浮冰群会在黑暗寒冷的极地冬季继续扩大，并对冰下海洋的温度、盐度和密度造成影响。但是到了日光持续照射的夏季，大部分的冰面将会融化，这样阳光将会直接照射到海洋里，从而触发一个海洋生物的繁荣期。

海洋冰块的形成

当极地的冬季来临时，空气中的温度下降致使海洋表面的海水结成小块的冰晶，如果这些冰晶没有被海浪打散，它们会逐渐形成黏稠的油脂状冰。

当温度继续下降后，冰块会在海面形成一个很薄的冰层。海水的运动会使冰层分解成很多小冰块，它们会相互摩擦着结合在一起并最终形成一块块边缘凸起的饼状冰。

最终，一块块的饼状冰会冻结在一起，形成一个在整个冬季都会凝固的厚冰层。当夏季来临后，厚冰层会分解成很多大块浮冰并随着风和洋流在海面上漂动，这些浮冰经常会聚拢在一起形成一个庞大的不断翻滚漂动的海上浮冰。

油脂状

饼状冰

浮冰

▶破冰船

在北冰洋，许多大型的强力破冰船在海洋冰面上工作以保持航道的通畅。它们在冰面上行驶并以强大的力量将冰砸碎，但是对于那些极度厚密且叠加在一起的大型冰块还是束手无策，只能不断地撞击以防止冰块继续变厚。

▲漂移的浮冰

在一些类似北冰洋中心海域的地方，巨大的冰块会叠加在一起形成冰脊，即使如此庞大，它们还是会不断地在海面上移动。欧内斯特·沙克尔顿（1874—1922）在1915年率领坚忍号在南极洲边缘的威德尔海域触冰遇险时，他的船在随冰漂移了1300千米后被彻底摧毁。

◀ **不断扩大的冰面**

在冬季，南极洲附近海域表面的冰层面积会从 200 万平方千米扩展到 2000 万平方千米。在北半球的冬季，北冰洋的大部分海域会被冰面所覆盖，但是到了夏季，它们大部分都会融化，只剩下北极点附近的 340 万平方千米左右的冰面。

图中标注：大西洋、非洲、南美洲、印度洋、南极洲、海冰扩大的最大范围、太平洋、海冰扩大的最小范围、大洋洲

水下世界

海冰将冰下的海水与寒冷的冬季隔离开来，但是由于海冰的存在和黑暗的极地冬季，冰下没有任何的光线。结冰时析出的盐分使得表层海水的密度升高从而下沉。当冰融化时，富含养分的深层海水便会上升到海面以供给那些海洋生物的生长，下沉的海水则会带动深海洋流和表面洋流朝极地地区流动。

▲ **冰山**

当冰川接触到海洋时，大块的浮冰会断裂成冰山漂在海面上。2000 年，一块与美国康涅狄格州一般大小的冰山从南极洲的罗斯冰架中分离出来。大多数的冰山都要比这小，但是由于它们近 90% 的体积都在水下，所以实际体积要比看上去的大得多。

海洋与大气

太阳的热量使海水不断蒸发成为水蒸气，这些水蒸气上升遇冷后会形成云继而形成雨。这种蒸发现象所造成的影响在赤道地区尤为强烈，它会形成一个巨大的暴风云和强降雨区域。不断上升的空气会被来自较远的南方和北方的下沉冷空气所取代，这种空气的流动会造成一种席卷整个热带海域的盛行风，地球的旋转会使这种热带盛行风的风向偏向西方；同时，原本由温带地区向极点流动的空气改向东方流动。这些盛行风也会将各种气候系统带向各个地区，在许多地方，它们对当地的气候都会造成很大的影响。

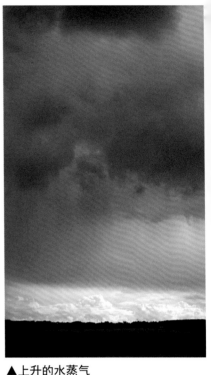

▲上升的水蒸气

每年大约都有 42.5 万立方千米的海水蒸发成水蒸气。这些水蒸气会在海洋上空与暖空气相混合，并继续上升到较冷较密的空气上方。在这些空气上升的过程中，它们会不断膨胀并渐渐冷却。这一过程会使这些水蒸气凝结成为很小的水珠从而形成云和雨。

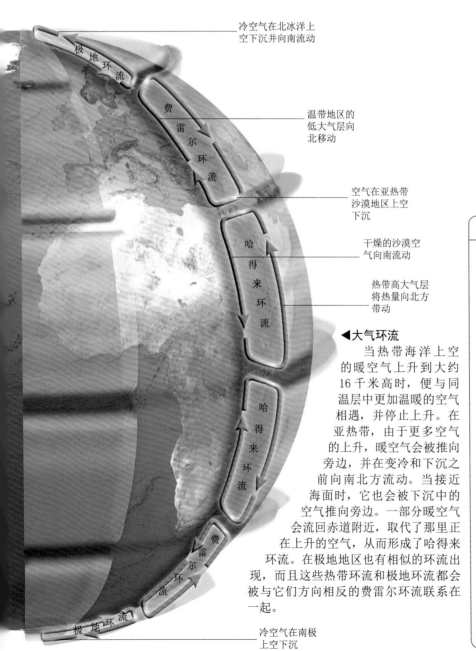

冷空气在北冰洋上空下沉并向南流动

极地环流

费雷尔环流

温带地区的低大气层向北移动

空气在亚热带沙漠地区上空下沉

哈得来环流

干燥的沙漠空气向南流动

热带高大气层将热量向北方带动

哈得来环流

◀大气环流

当热带海洋上空的暖空气上升到大约 16 千米高时，便与同温层中更加温暖的空气相遇，并停止上升。在亚热带，由于更多空气的上升，暖空气会被推向旁边，并在变冷和下沉之前向南北方流动。当接近海面时，它也会被下沉中的空气推向旁边。一部分暖空气会流回赤道附近，取代了那里正在上升的空气，从而形成了哈得来环流。在极地地区也有相似的环流出现，而且这些热带环流和极地环流都会被与它们方向相反的费雷尔环流联系在一起。

费雷尔环流

极地环流

冷空气在南极上空下沉

旋转的地球

地球自西向东自转

北半球热带气流向右偏移而向东流动

北半球原朝向赤道方向流动的气流向右偏移而向西流动

南半球原朝向赤道方向流动的气流向左偏移而向西流动

南半球热带气流向左偏移而向东流动

在环流层底部流动的空气引发了风的形成。如果地球不旋转的话，风将会向正南或正北的方向运动，从空气下沉区吹向暖空气上升区。但由于地球旋转的影响，空气的流动会偏离原来的路线。原本朝赤道方向流动的空气会偏向西方，而原本朝极地方向流动的会偏向东方，这种现象被称为科里奥利效应，它揭示了全球海洋盛行风的模式。

盛行风

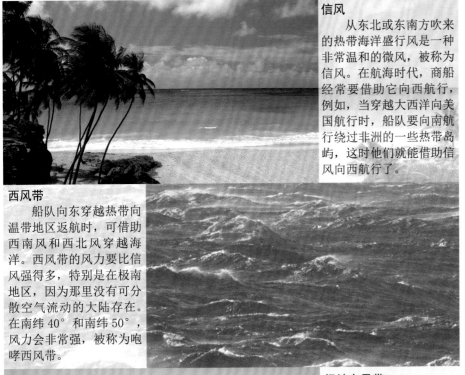

信风

从东北或东南方吹来的热带海洋盛行风是一种非常温和的微风，被称为信风。在航海时代，商船经常要借助它向西航行，例如，当穿越大西洋向美国航行时，船队要向南航行绕过非洲的一些热带岛屿，这时他们就能借助信风向西航行了。

西风带

船队向东穿越热带向温带地区返航时，可借助西南风和西北风穿越海洋。西风带的风力要比信风强得多，特别是在极南地区，因为那里没有可分散空气流动的大陆存在。在南纬40°和南纬50°，风力会非常强，被称为咆哮西风带。

极地东风带

在极地附近，吹向南方的盛行风会向西偏向。在北冰洋附近和南极洲沿岸，极地东风会将浮冰吹向西方。在南极洲附近的威德尔海，东风成漩涡状沿南极半岛海岸向北方运动，同时也将浮冰带到西风带区域中，在这里浮冰会再次被吹向东方。

▲无风带

空气正在上升或下沉的地区的风力非常小，通常根本没有风。赤道附近的空气上升区被称作赤道无风带。这种无风带曾经对船只航行造成了很大的困扰，它们经常会在此被困住几个星期。

▼海洋性气候

当盛行风从海洋吹向陆地时，同时也会带来湿润的空气。比如在爱尔兰，由于盛行西风带的存在，当地气候十分潮湿并且凉爽，这对于青草的生长是再好不过了。

旋风和飓风

当温暖潮湿的海洋气团在移动过程中与寒冷密集的气团相遇时，暖气团会爬升到冷气团之上。这会形成一个漩涡状的上升空气流，我们称之为旋风或是气旋。在暖气团的上升过程中，它会逐渐冷却，它所携带的潮湿空气会转变成云和雨。在温带地区，盛行风带动旋风向东行进，形成了潮湿多风的天气。在热带地区，极高的热量会引发强烈的风暴，例如热带旋风、台风和飓风。

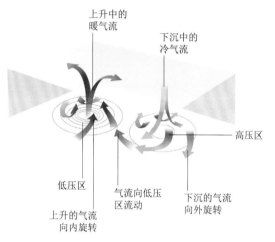

上升中的暖气流

下沉中的冷气流

高压区

低压区

气流向低压区流动

下沉的气流向外旋转

上升的气流向内旋转

◀高压和低压

冷空气的密度和重量都要大于暖空气，所以它会下沉，并且在下沉过程中产生一个高压区域。冷空气下沉的时候会呈漩涡状向外旋转，如果是在北半球，方向为顺时针，如果是在南半球，方向则为逆时针。高压区冷空气还会朝着有暖空气向内反方向旋转着上升的低气压区域行进。当暖空气上升时，空气中的水蒸气便会转变成云和雨。

▲气压和风

相邻地区的气压差越大，它们之间空气流动的速度就越快。这种空气流动会引起强烈的大风，特别是在低压区附近。这些大风会在气旋的中心区域附近行进，并经常与盛行风方向相对，致使冷水洋海域出现类似北大西洋那样的强烈风暴。

▲旋转状气旋

主导冷水洋天气的是漩涡状的低压系统，或是气旋。它们大多形成于热带暖湿气流与极地干冷气流相遇的极地锋面，并向东稳定行进，行进的过程中会产生风和雨。与其相似但更加强烈的气旋会形成于较温暖的海域上空，就像上面这张卫星云图中显示的加勒比海风暴那样。

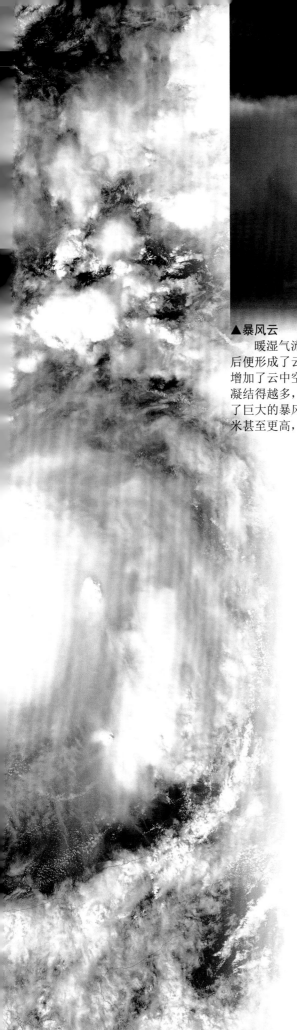

▲暴风云

暖湿气流上升时，水蒸气遇冷凝结成水珠后便形成了云。这个过程会释放出热量，从而增加了云中空气的温度使云升得更高。水蒸气凝结得越多，释放的热量也就越多，继而形成了巨大的暴风云。暴风云的高度可以达到6千米甚至更高，并引发暴雨天气。

▲海龙卷

暴风云中上升的空气会形成漩涡状的龙卷。当漩涡状的气流在海面上空形成时，它会将海水吸入云层中，形成海龙卷。尽管它没有龙卷来得猛烈，但它也会造成船舶失事，特别是在它解体并将吸入的海水重新倾泻回海洋的时候。

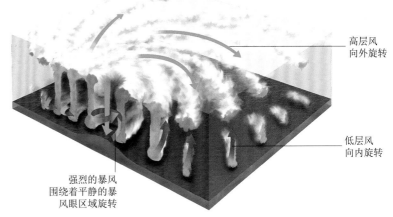

高层风
向外旋转

低层风
向内旋转

强烈的暴风
围绕着平静的暴
风眼区域旋转

▲飓风

在热带海域，当海面温度达到27℃以上时，大量的海水会蒸发到空气中，并形成一个快速上升的气流，从而导致一个气压极低的区域出现。这会使附近的空气以极高的速度呈漩涡状向这个低压中心流动，形成了一个包含巨大的暴风云、暴雨和飓风的旋转状系统。

▼风暴潮

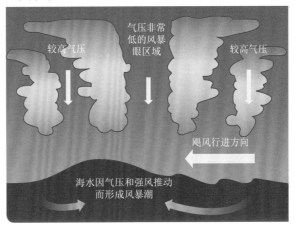

较高气压

气压非常
低的风暴
眼区域

较高气压

飓风行进方向

海水因气压和强风推动
而形成风暴潮

风暴眼的大气压非常低。这使得周围较高的气压和汇聚过来的风共同作用将海水朝风暴中心带动，从而形成一个个海水堆，我们称之为风暴潮，它会被带向移动着的风暴中心。如果飓风向陆地运动，那么风暴潮将会像海啸一样袭击浅水海域，并形成一个可能高于10米的巨型波浪。2005年，美国海岸城市新奥尔良便遭受了这种天气的袭击。

风和海浪

风从海面吹过时带起了层层海浪，风越强，海浪越大。海浪会在行进的过程中不断扩大，所以那些非常高的海浪都是在开阔海洋上行进了很长距离的。这些高大的海浪具有强大的破坏力，特别是在裸露的海岸上，那里的海浪甚至能将坚硬的岩石击破。而在海洋中，尽管少数异常猛烈的海浪能使大型的轮船沉没，但与在海岸上相比，它们的破坏性就要小得多了。

◀波浪能

风与海洋表面的摩擦或风对海水的拖动形成了波浪。风经常会将浪尖上面的水沫吹走，但波浪本身的海水不会被风带走。每滴水都会沿着圆形的轨迹旋转着向前移动，并随着波浪的前进而后退。波浪的运动会转化为一种前进的能量，当波浪最终落到海岸上时，这种能量便具有一定的破坏性。

波浪的变化过程

涟漪

波浪刚开始时只是平静海面上的一些涟漪，就像微风吹过池塘的涟漪一样。它们都非常小，并且紧紧连在一起，当从远处望去的时候，海面波光粼粼没有一点要起浪的迹象。但如果风继续刮的话，这些涟漪便会变成很大的波浪。

波浪滔滔

涟漪会慢慢变大并发展成为杂乱的激浪，高度可达50厘米，且波峰间的距离逐渐会从3米增加到12米。波浪间的相互作用会导致混沌效应的出现。在风浪强劲的地区，这些杂乱的波浪尤为明显。

巨浪

这些混乱的激浪会慢慢形成一些规律变化的海浪，我们称之为巨浪。尽管波峰间的距离已经变得非常长了，但如果风继续刮的话，它们还能变得更高，并且可以穿越整个大洋。左图中的巨浪正在向海岸袭来。

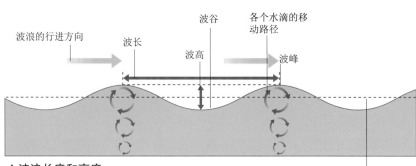

▲波浪长度和高度

一些波浪是非常混乱的，特别是那些在强风和对冲洋流作用下形成的波浪。大多数的波浪会逐渐形成有规律的波峰与波谷，波峰到波谷的距离称之为波高，各个波峰间的距离被称为波长，两个相邻波峰或波谷之间的间隔时间被称为周期。

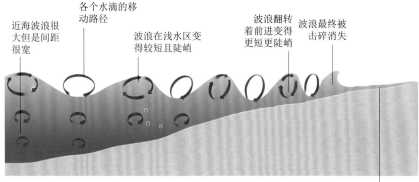

▲碎波

当波浪接近海岸的时候，会慢慢变小，并且由于海床与波浪的相互作用，波浪会变得更短更陡峭且速度会逐渐变慢。随着波浪越长越高，它会变得越来越不稳定，并最终在海岸上被击碎消失。海岸越陡峭，波浪越剧烈，被击出的碎波还会在海岸上形成一片水雾并将大量的水带到岸上。

▲卷跃碎波

波浪行进的路程越长，体积就会变得越大。地球上最大的波浪出现于南大洋，强劲的海风带动它们在南极洲周围向东行进。但是其中也有一些波浪向北进入太平洋，在到达陡峭的夏威夷海岸时，它们几乎长到了18米高，形成了巨大的卷跃碎波。

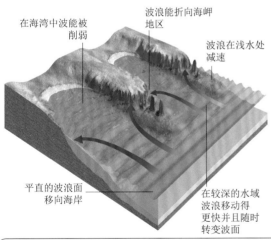

在海湾中波能被削弱

波浪能折向海岬地区

波浪在浅水处减速

平直的波浪面移向海岸

在较深的水域波浪移动得更快并且随时转变波面

◀波浪折射

通常，波浪在涌上整个海岸前会先接触到海岸的部分地区。海浪会在较浅的地方减速，并且改变波型，平缓的波峰变陡并卷曲。这往往能转移破坏性的波浪能量从有遮蔽的海湾，集中释放在裸露的海岬上。

破坏力量

当海浪侵袭海岸时，它们向前冲击的力量十分巨大。在暴风雨中，这种力量甚至可以达到每平方米3万千克以上。在一些海岸上，这些力量会被岸上的沙石所吸收，就像一个天然的防波堤。而在其他一些地区，没有任何东西可抵挡住所有的这些能量，海浪便会冲击海岸上的峭壁和冲垮一些设施。久而久之，岩石就会被海浪冲走，而建于它们之上的城镇也会随之消失。

▲畸形波

在远海，运动有规律的巨浪虽然体积庞大，但不会有非常大的危险。如果两个波长不同的巨浪聚在一起，它们便会形成一种类型非常复杂的海浪。当一个海浪的波谷与另一个海浪的波峰相重合时，会产生一个平坦点，但是当两个海浪的波峰叠加在一起的时候，它们会形成一个异常巨大的海浪，如上图所示。偶尔，巨浪也会在来自两个相对方向的海浪相遇的地方形成，它们高达30米左右，而且通常都会形成巨大的浪峰。这些巨浪会掀翻大型的轮船，造成重大的海难事故。它们很有可能就是导致一些船只神秘消失的罪魁祸首。

潮汐和潮汐流

世界上大部分地区的海岸和近海水域都强烈地受到潮汐变化的影响。潮汐是当地球旋转时，月球引力对海洋的持续作用形成的。而诸如太阳引力等一些其他因素也会对潮汐产生影响。同时，海岸线的形状也会对潮汐现象产生影响，这种影响对部分海岸附近的潮汐来说是非常大的，不过也有一些海岸则没有潮汐现象发生。

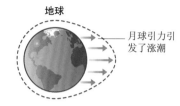

地球
月球引力引发了涨潮
月球

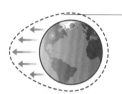

地球的晃动引发了第二次涨潮

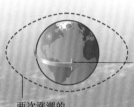

两次涨潮的结合
地球旋转的同时，潮水与月球形成一列

▶月球引力

随着月球的公转，月球引力对海洋的吸引作用会形成海水的膨胀。而旋转中的月球产生的引力同样也使地球沿其轴心发生轻微的晃动，从而形成了又一次海水膨胀。随着地球的旋转，海岸随着海水的膨胀而发生变化，从而形成了涨潮和落潮。

新月
大潮高点
大潮低点
大潮低点
大潮高点
满月
大潮

小潮

上弦月
小潮低点
小潮高点
小潮高点
小潮低点
下弦月

▲日循环

如果整个地球都被海洋所覆盖，那么海水膨胀将会每天都产生两次相同的涨潮和落潮，涨潮出现的时间随着月球轨道运行位置的变化而变化，大约每 24 小时提前 50 分钟。这是在很多海岸都发生过的现象，但是陆地有时会在地球旋转的同时对潮水的膨胀产生影响，从而使得一些地区出现潮汐不均衡的现象，例如在越南北海岸，每天只有一次潮汐循环发生。

◀月循环

随着月球的公转，它在一个月中会有两次与太阳处于同一直线上，一次是满月，另一次是新月。当太阳与月球像左图中那样成一条线的时候，它们的引力将会合并起来，并会每隔两周引起一次非常巨大的大潮。在满月与新月形成之间的这几周里，太阳引力会抵消掉月球引力，从而减少对涨潮的影响，只会引发小潮的出现。

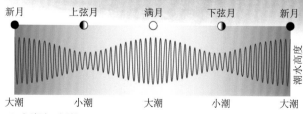

新月　上弦月　满月　下弦月　新月
大潮　　小潮　　大潮　　小潮　　大潮
潮水高度

▲大潮与小潮

大小潮的每月周期影响着潮汐的总幅度，而不仅仅是它的最大高度。大潮退潮时要比小潮后退的距离远得多，从而暴露出更多的海岸，但它会在几小时之后再一次涨潮，而且潮水在海岸上上升的距离要远远大于小潮。潮汐的范围每天都会有所改变，在满月或新月的前一个星期会有所扩大，在临近上弦月或下弦月的时候会有所缩小。

◀**地方性潮汐**

当地地理环境以及太阳和月球的排列都会对潮汐的范围产生影响。潮水流入漏斗形的海湾或者河口的时候会引发大范围的潮汐，退潮时水位也会随之有所下降。加拿大东部的芬迪湾的数据显示，当地最大的潮差可达 16 米，左图所示为低潮时。

▲**低潮和高潮**

最上方图片所示的是芬迪湾处于低潮时的情景。涨潮时，潮水上升的速度可高达每小时 4 米，潮水上升一直持续到潮峰的出现，而这一过程仅仅需要 6 个小时，上图所示的是涨潮后的情景。与此相反，在另外一些海岸上，几乎没有潮位上升的现象发生，而且在如地中海这样的一些半封闭海地区，我们几乎无法察觉出高潮和低潮的区别。

潮汐流

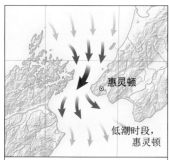

低潮时段，惠灵顿

涨潮

当潮位上升时，潮水沿着海岸流动并涌入海湾和河口。这些潮汐流会以极快的速度绕过海岬、穿过狭窄的海峡，例如图中所示的位于新西兰南岛和北岛之间的库克海峡。这种地方性的潮汐流往往要比海洋流来得更加迅猛。

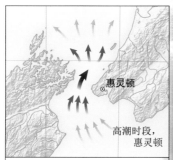

高潮时段，惠灵顿

退潮

当潮位开始下降时，潮水会以与涨潮时相反的方向沿海岸涌出海湾和河口。航海者们往往要掌握每天退潮的时间，从而利用这一现象更加顺利地完成他们的航行。

强潮汐流和漩涡▶

强烈的潮汐流在通过狭窄的海峡和绕过海岬时会出现强潮汐流现象，在这种现象发生的地区会出现迅猛的湍流、大漩涡以及纷飞的波浪。右图中所示的是位于挪威西北海岸萨尔斯特门强潮汐流的附属现象，它是世界上最大的强潮汐流之一。

海面洋流

风从海洋表面掠过时能够带动海洋表面水的流动，从而促进整个海洋表面洋流的循环。其中，全球空气环流形成的盛行风对此影响最大。由于受到地球自转的影响，盛行风的风向在热带地区向西偏，在温带地区向东偏，同时也带动水流的方向与此一致。这种情况下形成的海面洋流会产生一些巨大的漩涡，它们可以改变全球冷热海水的分布状况。

▲海洋中的河流

海洋表面洋流就像是一条条在海洋中流动迅猛的河流。例如，墨西哥湾流每秒钟就有 5000 万立方米的水量从东北方向流入北大西洋，这个流速是南美洲亚马孙河流速的数千倍。上面这张在太空中拍摄到的图片，我们可以很清楚地看出，图上方的北美洲近海与图下方迅速流动的墨西哥湾流的分界线。

风 — 带动表层海水流动 — 海水流动方向 — 从上层带动 — 下层海水流动方向 — 带动 — 更深层的海水运动

▲埃克曼螺线

向东运动的风并不仅仅是将海水向东方带动。地球的不停旋转致使风偏离了原来的方向，同时也使海水的运动方向向右转向赤道以北或向左转向赤道以南。表层海水带动了深层海水一起流动，而它们流动的方向也会向右或向左产生偏离。这样层层带动下去，水流由水面向下呈现螺线形运动。最早发现这一现象的是瑞典物理海洋学家 V.W. 埃克曼（1874—1954），后来人们将这一现象称之为埃克曼螺线，它造成的影响是使海洋表面洋流方向与风向形成大约 45° 的一个夹角。

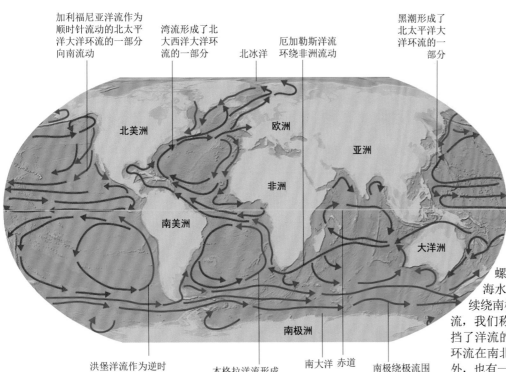

加利福尼亚洋流作为顺时针流动的北太平洋大洋环流的一部分向南流动

湾流形成了北大西洋大洋环流的一部分

北冰洋

厄加勒斯洋流环绕非洲流动

黑潮形成了北太平洋大洋环流的一部分

北美洲 · 欧洲 · 亚洲 · 非洲 · 南美洲 · 大洋洲 · 南极洲

洪堡洋流作为逆时针流动南太平洋大洋环流的一部分向北流动

本格拉洋流形成了南大西洋大洋环流的一部分

南大洋 · 赤道

南极绕极流围绕南极洲运动

◀大洋环流

赤道附近的表层海水在盛行风和埃克曼螺线的共同作用下向西流动，而温带附近的海水则向东流动。在南大洋，向东运动的洋流继续绕南极洲运动，这种在海洋范围内循环流动的洋流，我们称之为大洋环流。但是在其他地方，陆地阻挡了洋流的前进，从而使得大洋环流无法形成。大洋环流在南北半球呈相反方向流动。除主要大洋环流之外，也有一些流向北冰洋和绕南非运动的分流。

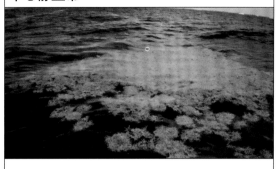

◄边界洋流

赤道洋流在大西洋和太平洋中向西流动，所以当它遇到大洋的边界时，会在边界处堆积海水从而造成水位增高。这会使得如湾流或黑潮这些较强的西边界流中的暖水从热带分别向南北方向分散。与西边界流不同的是，东边界流将冷水带向赤道，并且流幅更宽广，分布较分散，但流速更快，如加利福尼亚洋流和本格拉洋流。

流幅狭窄但流速很快的西边界暖流

流幅宽广但流速很慢的东边界寒流

漩涡的中心静止带

中心静止带

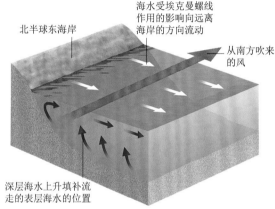

在埃克曼螺线的作用下，海水逐渐流向漩涡中的中心静止带，从而形成了一个宽广但很浅的堆积层。在位于藻海的北大西洋漩涡中心，中心静止带的水位只比该区域的边缘地带高大约1米左右。由于洋流的汇集，这片海的海面漂浮着大量的马尾藻，这就是它被称为藻海的原因。

海水受埃克曼螺线作用的影响向远离海岸的方向流动

北半球东海岸

从南方吹来的风

深层海水上升填补流走的表层海水的位置

▲上升流区

在一些地区，风和埃克曼螺线会将表层海水从海岸带走，这时深层海水就会上升填补它们的位置。这样，海底的营养物质便被带到了海洋表层，浮游生物也会随之增多，从而能够为海洋生物提供丰富的食物。这样的区域我们称之为上升流区。

从北方吹来的风

北半球东海岸

海水受埃克曼螺线影响流向海岸

海水在海岸附近下沉

▲海岸下降流

当风和埃克曼螺线将表层海水带向海岸的时候，便会产生与上升流相反的下降流。这种现象会使海水下沉，从而使得海底的营养物质无法向海面上浮。所以在下降流区域，我们很难见到有海洋生物生存。

▲洋流相遇区

当寒暖流相遇时，冷水会从底部推动暖水，并将海底的矿物质搅动到海面上来，这些矿物质中含有对如浮游生物等海洋生物的生长非常有利的营养物质。但一般情况下，两种洋流的海水不会轻易混合，就像我们在上方这张卫星云图中看到的那样，左边的是携带大量绿色浮游生物的福克兰群岛寒流，与之相遇的是携带大量蓝色浮游生物向南流动的巴西暖流。

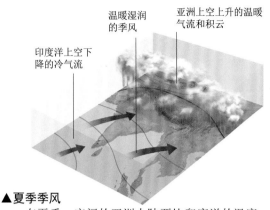

▲夏季季风

在夏季，广阔的亚洲大陆要比印度洋的温度高很多，同时西藏上空的暖气流逐渐上升，并带动来自西南方湿润的海洋空气穿过印度。在这里，空气会逐渐上升并且冷却，最后会形成盘踞在印度次大陆上空的巨大积云，继而引发暴雨和夏季季风洪水。

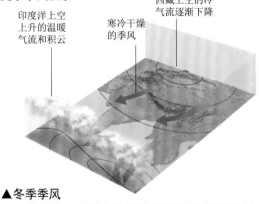

▲冬季季风

在冬季，亚洲大陆要比印度洋的温度低很多，西藏上空的冷气流逐渐下降，并且从西南方朝着有气流上升的温暖海洋上空移动。同时，它还会将非常干燥的空气从印度的东北方带入，从而形成了干燥的气候和寒冷的冬季季风。

季节性更替

　　在一年中的几个特定时期里，一些海洋会被风力强度或风向变化所影响，同时会使流经的表面洋流变弱甚至产生逆转。这种现象在北印度洋尤其明显，表面洋流的模式会被规律性变化的反向吹来的亚洲季风所改变。另一个主要发生地在热带太平洋，那里盛行的弱风可带动西太平洋的暖流向东流动并且抑制正常洋流的流动，这样便导致了气候的混乱，即我们常说的厄尔尼诺现象。

季风洋流

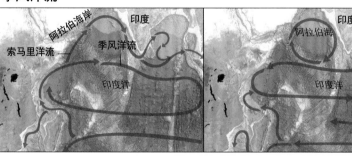

夏季季风洋流

　　夏季，亚洲大陆上空不断上升的暖空气带动季风从东北部向印度运动。这会将北印度洋的表面海水向东带入索马里洋流和季风洋流。这种强烈的季风同时也会将阿拉伯海岸附近的表面海水带离，从而使富有营养物质的深层海水上升到表面，为众多海洋生物的生长提供有利的条件。

冬季季风洋流

　　当亚洲大陆的温度低于印度洋时，季风便会改向西南方行进。这种变化会对洋流产生反向作用。当季风将表面海水吹向阿拉伯海岸的时候，海岸附近的上升流会被抑制，但是季风会将阿拉伯海中心区域的海水搅动起来，从而提供了另一个适宜海洋生物生存的地方。

▼养分充足的海水

　　被季风洋流搅动起来的矿物质为海洋微生物提供了丰富的养料，使得它们的繁殖数量猛增，继而为鱼类和其他海洋生物提供了充足的食物。在具备这种条件的海域，一定数量的座头鲸会全年待在这里。下图中的座头鲸正张开它们巨大的嘴从海面跃起捕食鱼类。

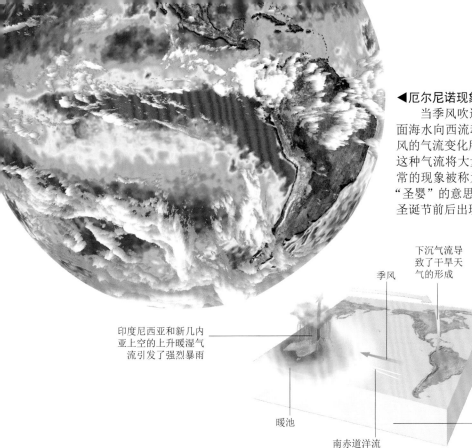

◄厄尔尼诺现象

当季风吹过热带太平洋的时候，通常会带动温暖的表面海水向西流动。但是每隔几年，这种模式便会被削弱信风的气流变化所破坏。在左面这张卫星图上我们可以看到，这种气流将大量温暖的海水向东引领回了南美洲。这种反常的现象被称为厄尔尼诺现象，厄尔尼诺在西班牙语中是"圣婴"的意思，这个名字的由来是因为这种现象经常会在圣诞节前后出现。

◄正常模式

围绕在印度尼西亚和新几内亚附近的暖池可提高其上空气流的温度，从而使气流上升。气流上升的同时也带动了水蒸气的上升，进而形成巨大的风暴云。上升的气流在高空中会向东流动，然后逐渐冷却且高度有所下降，并在南美洲上空形成一种无云的干燥天气。同时，向西漂移的暖流将秘鲁附近海底富有营养物质的冷海水带到海面，形成一个海洋生物丰富的上升流区域。

下沉气流导致了干旱天气的形成

季风

印度尼西亚和新几内亚上空的上升暖湿气流引发了强烈暴雨

暖池

南赤道洋流

秘鲁附近养分充足的冷水上升流区

上升的暖湿气流导致了暴雨的形成

季风风力减弱甚至改变方向

下沉气流导致了干热天气的形成

▶厄尔尼诺模式

当厄尔尼诺现象发生时，温暖的表层海水向东回流。这种洪水般的暖流阻挡了秘鲁附近可提供充足养分的上升流区域的形成，所以这里的海洋生物不是死亡就是迁移到其他地方。厄尔尼诺现象还会使南美洲遭受暴雨和洪水的侵袭，而在澳大利亚北部和西太平洋群岛，则会引起干旱和森林大火。

暖流向东回流，在南美洲附近集中

上升流区的形成被靠近海面的温暖海水阻止了

◄渔业的灭顶之灾

秘鲁附近海域是世界上最大的渔场之一，在这里，有大量以海洋浮游生物为食的凤尾鱼和其他鱼类。但是浮游生物喜欢聚集在养分充足且能够接触到阳光的冷水中。而厄尔尼诺现象阻止这种环境的形成，大多数微小的海洋生物会因此而死去。结果以此为食的鱼类和以鱼为食在此群集繁殖的海鸟们逐渐消失，这使得当地的支柱产业——渔业遭受灭顶之灾。

深海洋流

　　环绕各大洋流动的表面洋流与相互交织但流速缓慢的深海洋流网络有着紧密的联系，它们带动着海水在全球范围内流动。牵引表面洋流的力量是风，但带动深海洋流的动力就比较复杂了。深海洋流的主要动力是由于海水的变冷和盐度的增加所导致的密度的变化。这会使海水逐渐向海底下沉，在暖水的下方流动，流速通常非常缓慢，并且会逐渐与暖水混合向海面上升。这种运动将会带动所有海水在全球范围内流动，但这可能要花上千年的时间。

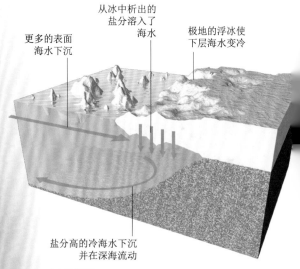

从冰中析出的盐分溶入了海水

更多的表面海水下沉

极地的浮冰使下层海水变冷

盐分高的冷海水下沉并在深海流动

▲下降流

　　极地海洋的表面漂动着大量的浮冰，它们使得这里的海水更冷、更稠密、更重，而大部分带动深海洋流的下沉海水则始于此。从冰中析出的盐分会加大海水的盐度，使它的密度升高。由于受南北两极的温度和盐度双重因素影响，这种现象被称为热盐环流，它是根据希腊语中热量和盐这两个单词合成来的。

开阔的水面在冬季结冰，使下层海水变冷

浮冰覆盖了威德尔海大部分海面

◀南极洲海水

　　温度最低的深海洋流是从南极洲的威德尔海流出的，在威德尔海，热盐环流在巨大的罗尼冰架和浮冰下面流动着。这引发了一种被称为南极底层水的洋流出现，它会沿南大洋海底向东流动，并在南极洲另一端的罗斯海与一种类似的冷深海洋流相汇合。

北大西洋深海洋流

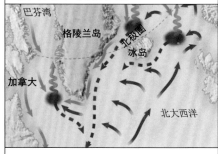

巴芬湾
格陵兰岛
北极圈
冰岛
加拿大
北大西洋

图例
- - - ➤ 深海寒流
　　➤ 海面暖流
　　➤ 失去热量
　　➤ 海面寒流
　　■ 下沉流区域

　　大部分极北方的冰融化后形成的深海冷水都会留存于环绕在北冰洋海底的岩石带内。但是当温暖高盐的大西洋暖流向北流动与寒流相遇时，暖流的温度会下降并且下沉到盐度较低的北冰洋下方。这三个主要的下沉流区形成了带动北大西洋深海洋流的动力。

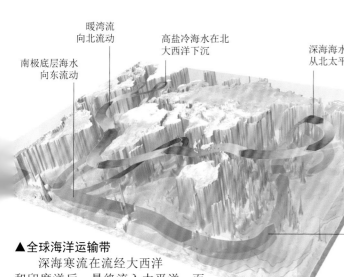

南极底层海水
向东流动

暖湾流
向北流动

高盐冷海水在北
大西洋下沉

深海海水
从北太平洋上升

高密度深海冷水向
北流动并最终注入
太平洋

▲全球海洋运输带

　　深海寒流在流经大西洋
和印度洋后，最终流入太平洋。而
在流经北太平洋和北印度洋时，一部分寒流
还会流入海面洋流圈。这些洋流与大西洋海面洋流
有着十分密切的关联，当极北方的海水下沉并带动
深海洋流时，湾流便会对海面缺少的这部分海水进
行补充。由于这种洋流运动带动了全球海水的流动，
我们便把它称为全球海洋运输带。

▶流动减缓

　　全球气候变暖会削弱寒冷海洋中的下
沉水量，发生这种现象的部分原因是海洋
表面形成的冰少了。从极地冰层中融化出
的新鲜海水流到海里也会减少海水的盐度
和密度，使海水不易下沉。北大西洋深海
洋流的流量已经受到这种现象的影响开始
减少了，而这种洋流正是全球海洋运输带
的动力。

▲重要的补给

　　大量的热量随着海洋运输带在全球传递。这有
助于防止寒冷的极地变得更加寒冷，热带地区变得
更加炎热导致生物无法存活。深海环流对于水母等
海洋生物也是非常重要的，因为它可将氧气带入海
底，并将生物必需的营养物质传输到海面。

▲气候混乱

　　如果全球海洋运输带由于气候变化的原因而减
弱，它将会影响整个世界，特别会对北欧造成灾难
性的影响。冰岛附近的下沉海水会使暖湾流向北流
动，这会为欧洲带来温和的气候。如果湾流消失了，
欧洲将会出现如北极那样寒冷的冬季。

营养物质与生命

海洋中的矿物质会随着洋流在全球流动。这些可溶性矿物质对于最简单的微小植物的海洋生物体，如浮游植物来说是必不可少的。几乎所有其他的海洋生物都以这些简单海洋生物体为食，营养物质就是以这种方式供给整个海洋生态系统的。很多营养物质是随河流进入海洋的。一些营养物质会很快被海洋生物所食用，但是当这些生物体死亡且残骸落入海底后，营养物质会被再次释放出来。当海底沉积物被洋流和暴雨搅动起来的时候，营养物质也会重新被带回海面。这样，浮游植物又会将它们转变成食物以支撑整个海洋食物链。

◀制造食物

细菌和浮游植物这些海洋微生物含有一种叫作叶绿素的绿色物质，这种物质可以吸收太阳光的能量。利用这些能量，它可以将二氧化碳与水结合起来生成糖类等碳水化合物，并把碳水化合物转变成为动物组织以供其他海洋生物食用，我们将整个转化过程称为光合作用。一些深海细菌会以其他的方式制造食物，但是对于大多数的海洋生物来说，光合作用这个过程是生命之本。

◀重要的营养物质

那些通过光合作用制造碳水化合物的微小生物同样需要其他营养物质。这其中包括硝酸盐和磷酸盐这些组成蛋白质必不可少的成分，还有糖被转化成能量时所需要的氧气。除此之外，这些微小生物还需要钙和硅来"建造"它们的壳，以及尽管含量很少但却非常重要的微量元素。这些营养物质中许多存在于海水中，但它们会被生物吸收。当这些生物体死亡并且尸体分解后，就像我们在左图中看到的这具海龟残骸，这些营养物质有些会被释放到海水中，但是大多数会沉淀到海底的沉积物中，直到它们被洋流搅动起来。

藻华▶

在富含营养物质的海域，那些可进行光合作用的类植物微生物体得以成长形成浮游植物。这些小颗粒状的生物体在阳光普照的海面上随处可见，特别是在洋流将大量营养物质带到海面的海域中，它们的数量更是多得惊人。在这些地方，藻华会形成厚密的浮游生物层，就像一片乌云一样笼罩着这片海域，并使海水变色。它们可以形成极广的覆盖区，就像右图中这个位于西班牙北部的漩涡状浮游生物聚集区，这个区域至少横跨250千米，通常它们也是海洋生物繁荣的标志。

浮游植物

硅藻类

在凉爽的水中，大多数浮游植物是由硅藻构成的。在它们的外部，有一层由玻璃的主要成分构成的硅壳，这些壳就像一个个有盖的微型盒子，形态各异，彼此之间整齐地排列在一起。海底大多数硅质软泥是由这些硅藻的壳构成的。

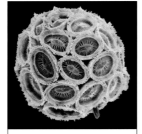

钙质鞭毛藻

这种热带浮游植物具有由带花纹的小碟片组成的粗糙骨架，这些小碟片的主要成分是碳酸钙或是石灰。当钙质鞭毛藻死亡并且分解后，这些小碟片会聚积在海底形成钙质软泥，数百万年后，它们会变硬形成石灰石或白垩。

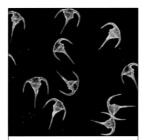

沟鞭藻类

与众多微生物体类似，沟鞭藻类同时具备动物和植物的特征。它们像动物那样可以利用线状的微小鞭毛游动，但却像植物那样进行光合作用来制造食物。尽管它们与硅藻有着不同的外形，但它们与硅藻同样长有硅壳。

浮游植物密度

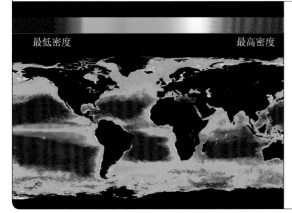

最低密度　　　　　最高密度

在热带海洋里，一层温暖的海水阻止了营养物质上浮到有阳光照射的海面，所以浮游植物在这种环境下无法存活。但是，在海岸附近海域，上升流会改变这种状况；在较冷的海洋中，冬季风暴也会将海水搅动以利于浮游植物的生存。左边这张卫星数据图表明，较冷的海洋中所含有的营养物质要远远多于热带海洋。

▲海藻和海草

在浅海中，海藻可起到与浮游植物同样的作用，即利用太阳的能量将二氧化碳和水转变成食物。一些海藻进行光合作用的效率非常高，以至于它们每天可以快速生长 60 厘米，而叶子更可以生长达 50 米甚至更长。在东太平洋沿岸海域，它们甚至形成了一片海底巨藻林。海草是另一种生长在隐蔽海域中的植物，它们为一些被鱼吞食的小动物提供食物，同样也被海龟所食。

◀热带珊瑚礁

清澈的热带海洋里几乎没有浮游植物的存在，但是组成热带珊瑚礁的珊瑚虫群间有着与浮游植物类似功能的生物体。这些生物体与浮游植物制造食物的方法是一样的，它们会将制造出的食物部分提供给珊瑚虫。珊瑚虫在获得营养物质后，会将这些营养物质的一部分提供给这些生物体作为回报。由于这个过程需要充足的光线，所以热带珊瑚礁总是生长在清澈的浅海区域。

海洋食物链

　　几乎所有的海洋生物都要依赖浮游植物生存，因为浮游植物可以将简单的化学元素转变成为复杂的物质以供其他海洋生物食用。浮游植物会成为微小动物的食物，微小动物又会成为更大海洋动物的食物。浮游植物就像浮游动物那样在海洋中四处游动。这些浮游生物群会被鱼那样的更大些的海洋生物所吞食，而鱼又会成为鲨鱼那样的捕食鱼类的腹中之物。

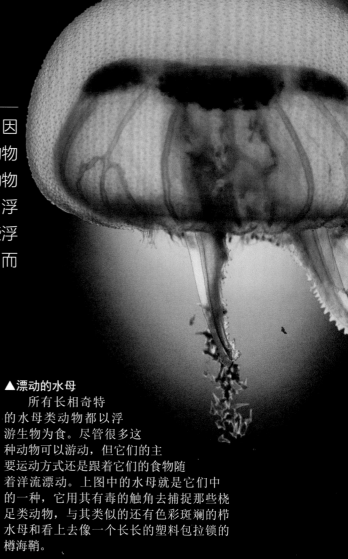

浮游动物

放射虫和有孔虫

　　这些微小的原生动物在例如硅藻和沟鞭藻这样的浮游植物群中繁殖得非常快，它们是用身上的线状体钩住这些藻类上的小洞捕食它们的。放射虫喜食这些长有玻璃质硅壳的藻类。与此相反的是，有孔虫则喜欢长得像小蜗牛一样的具有石灰质壳的藻类。

桡足动物

　　桡足动物是一种微小的甲壳类动物，外形类似虾，它们靠长着微毛的腿来回游动并捕捉浮游植物。它们在海水中会组成厚密的集群，这为鱼群捕食带来了便利。在晚上，桡足动物会向浮游植物丰富的海面游动，但是在黎明时便会撤回到更安全的海底弱光区。

磷虾

　　在南极洲周围寒冷的南大洋里，桡足动物无法生存，但生活着与之类似的动物——磷虾。这种体型稍大的甲壳类动物与桡足类动物的进食方式相同，但是它们会结成更巨大的集群，由于它们体上长有红褐斑，所以看上去就像是把海洋染成红色一样。它们是大多数南极洲鱼类、海鸟、企鹅、食蟹海豹和鲸的主要食物，如果没有它们的话，南极洲的生态系统将会土崩瓦解。

卵与幼虫

　　很多例如鱼类、软体动物和甲壳类动物这样的海洋生物都会将漂动着的浮游生物群作为它们孕育后代的场所。当它们的幼虫从卵中孵出来后，它们就会以浮游生物为食直到长成一个成熟的个体。随后，许多蟹类的幼虫将会开始一种完全不同的生活，它们将会到海床上甚至岩石上觅食。

▲漂动的水母

　　所有长相奇特的水母类动物都以浮游生物为食。尽管很多这种动物可以游动，但它们的主要运动方式还是跟着它们的食物随着洋流漂动。上图中的水母就是它们中的一种，它用其有毒的触角去捕捉那些桡足类动物，与其类似的还有色彩斑斓的栉水母和看上去像一个长长的塑料包拉锁的樽海鞘。

▲饥饿的鱼群

　　许多类似凤尾鱼和鲱鱼这样的小鱼是靠张开嘴穿过浮游生物群这样的方式捕食的，这样海水就会从它们的鳃中流过。但鳃中铁丝网一样的鳃耙像筛子一样，会在捕食的时候保护它们的鳃。这种鱼会成千上万地聚集成一个个密集的鱼群来活动，而每个鱼群就像是一个巨大的超个体动物。

海洋中的猎手▶

　　浅海鱼类会成为许多如金枪鱼或海豚这样的捕食者的盘中餐，这些捕食者会在宽广的海域里飞快地游动着觅食。金枪鱼和海豚通常采用结群觅食的方式，而其他例如枪鱼和旗鱼这些鱼类则是独自在海洋中寻找它们的猎物，一生都没有一刻停息。

最强的食肉动物▶

　　捕食者会被一些强大的肉食动物所捕获，例如大白鲨。这种肉食动物相对捕食者来说，数量要少得多，原因是鲨鱼需要大量的金枪鱼供它食用，而金枪鱼又需要食用更多数量的小鱼。另外，金枪鱼宁可耗尽全力拼命逃窜，也不会让自己轻易成为鲨鱼的美餐。这就意味着每条鲨鱼不得不去捕食总体重超过其自身体重许多倍的小鱼才能存活下去。

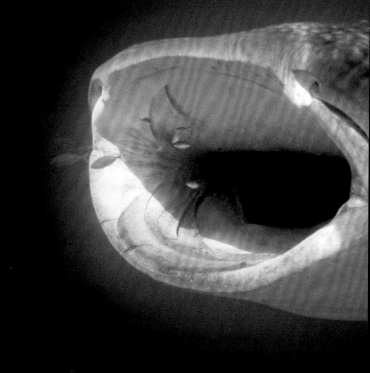

大型滤食动物▲

　　一些大型的鱼类会像浅水鱼类那样以类似过滤的方法捕食小动物。这种捕食方法非常有效，因为不需要将能量损失在金枪鱼这样位于食物链中间的鱼类身上。通常这样的鱼类有着非常大的体积，上图中的鲸鲨就是目前所知的最大的鱼类。很多体积巨大的鲸类也都以相似的方法捕食，主要以磷虾为食的蓝鲸，是目前所知的体积最大的动物。

海洋食物链（南大洋）

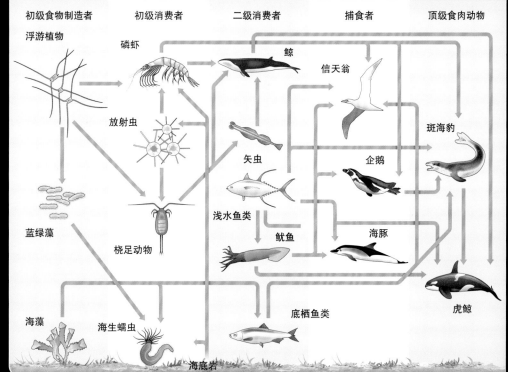

初级食物制造者　　初级消费者　　二级消费者　　捕食者　　顶级食肉动物

浮游植物　磷虾　鲸　信天翁　斑海豹　放射虫　矢虫　企鹅　浅水鱼类　蓝绿藻　桡足动物　鱿鱼　海豚　海藻　海生蠕虫　底栖鱼类　虎鲸　海底岩

　　每个海洋栖息地都有自己的食物链，将初级食物制造者和高级食肉动物联系在一起。基本上，每种动物都在生态系统中处于不同的层次。初级食物制造者如浮游植物会被初级消费者如桡足类动物和磷虾所食用。而初级消费者会被二级消费者例如鱿鱼和鱼类所捕食，而鱿鱼和鱼类又会成为企鹅和海豚等的食物。而虎鲸则位于这个食物链的终端。同时，死去动物的残骸和浮游生物会下沉到海底，而海生蠕虫会翻动这些海底碎屑使其重新循环成为营养物质。

　　左图显示的是一个关系较为复杂的南大洋食物链。由于大多数的动物以多种食物为食，本图只是表明了食物链之间的部分关系。以虎鲸为例，它们会吃企鹅，但是它们也会吃企鹅吃的鱿鱼和鱼类，也会吃斑海豹这种主要以企鹅为食的位于另一个食物链顶端的动物。像鲸那样的大型滤食动物虽与微小的矢虫处于食物链的同一层次，但它们也会以矢虫为食，鲸同时也不会害怕海鸟、企鹅那样处于更高一级食物链的动物。

　　尽管食物链内部的关系十分复杂，但有一点是很明确的，那就是每种动物，无论大小，都要依赖浮游植物那样的初级食物制造者才能生存。如果没有它们，这个地区便没有食物，更不会有食物链了。

▲簇集

在营养物质充足、食物丰富的海域，一些海洋生物会只待在某一个地方，然后捕食任何从它们身边经过的食物，从而过上非常好的生活。很多类似贻贝那样的动物，会将身体吸附到岩石和其他固状物体上，其他一些动物会钻入软沙或泥土中，然后将捕食管或长长的触须伸出去捕食。

生活在海底

　　水中生活与陆地生活有很大不同，因为流动的海水里充满漂流的食物。许多诸如海葵、藤壶和蛤这样的动物会停在某一个地方然后等着洋流为它们带来食物。而更多的动物则会主动去寻找食物，但尽管如此，它们也是得益于海水的帮助，很多动物的外形都会呈现完美的流线型，这对游动十分有利，而且它们极度灵敏的感官更是以超乎我们想象的方式发挥着作用。

捕食

滤食

　　贻贝通过身体上的一根虹吸管将海水吸入体内，过滤出其中含有的食物后，再将其余的海水通过另一根虹吸管排出体外。钻在软沙中的蛤的捕食方式也是这样的。

紧紧拉住

　　一些海生蠕虫会在水中伸出扇状的触须去诱捕任何能成为它们食物的东西。藤壶的捕食方法与此相同，它们会从壳顶端的活盖中伸出很多只长着绒毛的腿去捕获食物。

陷阱

　　一些像海葵那样的动物的触须上长有很多小刺，这可用来捕获小动物。在开阔水域中活动的毒水母也长有同样的捕食器官。

捕获

　　热带花园鳗将尾巴埋在沙子里，向水流的方向张开嘴，时刻准备捕捉任何流经的食物。因此它们的生活范围只限于那些水流非常强的海域。

◀滑行和爬行

很多吸附在海底的动物会被在海底移动的其他生物所捕食。一些动物，如左图中的海蛞蝓就会用它们顶端的紫罗兰色的触须，爬行在岩石上去捕捉那些吸附在岩石上的动物。与此相同的还有海螺、海星、海胆等动物。移动觅食的甲壳类动物如蟹、龙虾等则可用已发育成熟的腿爬行着去寻找食物。大多数这类动物都会背着重重的壳，但是一些较小的动物，如虾和对虾，也是可以游动的。

海底动物的感官系统

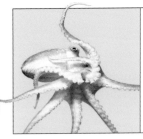

视觉

光线不能穿透海洋深处，海水混浊的海域更是如此，但是很多动物都拥有非常好的视力用以捕食和防御外敌。章鱼就长着和人类类似的眼睛，但它们吃的扇贝，其眼睛则只是长在壳边上的用以探察危险的两个小圆点。

嗅觉

气味和味道对于寻找食物来说是两个非常重要的线索。只要水中有一丁点的血液，鲨鱼都会有所察觉，而一些食肉海螺，如左图中的那样，则是靠嗅觉敏锐的长鼻子来确定猎物的位置。

听觉

声音在水中传播的速度非常快，传播的距离也非常远。很多诸如鱼类的动物甚至在没有耳朵的情况下也能觉察到声音。海豚就会发出类似爆破的声音，将小鱼吓得簇成一团以便捕捉。

压力感应

很多海洋动物都有能觉察出水中压力变化的能力。鱼类主要就是依靠两侧生长的被称为侧线的线状感应器官来探知压力的改变。压力的变化可使它们得知附近的情况，也可使鱼群以更协调的方式游动。

电感知力

一些类似鲨鱼和鳐鱼的海洋动物有着能觉察到其他动物发出的微弱电神经信号的能力。例如左图中的这只鲨鱼，它的电感受器便长在鼻门部，这使得它能非常准确地找到那些看不到的、没有气味的猎物。

▲游动

许多海洋动物的身体与海水的密度几乎一致。这种特性能为它们在水中的游动提供一种中性浮力使得它们能悬浮在海水中。大多数的鱼类还长有可调节浮力的器官——鱼鳔。其他如鲨鱼这样的鱼类，如果它们不一直游动的话就会慢慢沉入海底。一些开阔水域中的鱼类，例如上图中的鲭鱼，它们拥有呈完美流线型的身体，所以它们能够在水中迅速地游动，而几乎不耗费能量。

◀深海潜水

一些呼吸空气的海洋动物会长有适合潜水的特别器官，如巨头鲸，它会潜入很深的海底去捕食鱼类和鱿鱼。这种海洋哺乳动物的主要问题是它们需要在极深的海底忍受巨大的压力。这使得它们的肺形同虚设，所以它们必须在血液和肌肉中储存足够的氧气。

浅海生物

大多数海洋生物生活在位于深海边缘的大陆架之上的浅海海域。在浅海中，海床上的营养物质更易于到达阳光照射的海面，从而使浮游植物能够利用它们制造食物，而浅海下的海床也可以得到阳光的照射，使各种海洋动物直接在海底就可以寻找到食物。

▲浅海边缘

有阳光照射的大陆边缘海域的深度一般来说不会高于 200 米。浅海的海底堆积着由于河流或海岸侵蚀作用从陆地上冲刷下来的沙子、泥土和其他沉积物。这些沉积物中含有大量动植物残骸，因此含有海洋生物所需要的丰富的营养物质。

洋流的冲刷▶

活在近岸海域的海洋生物所需的多数营养物质都是由暴雨或水流从浅海海床上冲刷下来的。这种现象在表面洋流流离海岸并将深海海水带至海面的地区尤为明显。右侧这张卫星云图显示的是位于西非海岸的一个上升流区，红色和黄色部分指的是厚密的浮游植物聚集区。

大陆架区域的生物

海底

很多生活在海床上的动物会将自己埋在泥沙里或是藏身在岩石或失事的船只残骸中。这些动物包括蛤和蠕虫这样的潜穴类动物，贻贝和海葵等吸附类动物，还有海星、海胆、蟹、小龙虾和龙虾等游动动物。

海床附近

像鳐鱼、比目鱼和上图中所示的大西洋鳕鱼等鱼类，是在浅海的海床或靠近海床的地方觅食的，它们在这里可以找到非常丰富的食物，而且相对于在上层海域里捕捉那些游动迅速的鱼类而言，在这里捕捉蟹和穴居的蛤蜊这样的动物要容易得多。

开阔水域

聚集在养分充足且阳光充沛的浅海中的浮游动物为那些活动在开阔水域中的大型鱼群提供了丰富的食物。鱼群和浮游动物在夜间都会移向海面活动，而白天则会重返深海。

浅潜

许多需要在海面呼吸空气的动物可以很轻易地潜到浅海海底，并在那里捕捉到丰富的食物。这样的动物包括海雀和鸬鹚那样的海洋潜鸟，以及海獭和海豹那样的哺乳动物。

◀近岸海域

　　在许多冷水洋的近岸浅层水域，生长着繁茂的可制造食物的海草。特别是在北美洲附近的太平洋沿岸呈现出一片令人叹为观止的大海草森林景观。在这里，巨大的大海草生长在海下深达 50 米的海域中，叶子甚至可以长出海面。大海草的叶子是海胆们的美味，而海獭则会用石头敲碎海胆带刺的壳来食用它们。

▶海鸟繁殖地

　　广阔的沿海海鸟繁殖地依赖于大陆架海域为海鸟的幼鸟提供丰富的食物。在上升流附近地区，这种繁殖地的数量特别巨大，如秘鲁和智利附近的沿海海域，以及在极地海洋的边缘，由于春季解冻会使冰冷的蓝色海洋中突然出现一个生物数量突涨期。

▲丰富的渔业资源

　　几个世纪以来，大陆架附近海域一直是渔业资源最丰富的地方，离陆地较近的同时也为捕捞提供了方便。在过去的几个世纪里，由于人类的过度捕捞，像鳕鱼和鲱鱼这样的常见食用鱼类几乎消失殆尽了。但是这些富含营养物质的海水依然有能力供养非常巨大的鱼群，而环境保护和禁渔令也许可以让渔业资源的高峰期再度来临。

潮汐海岸上的生物

近岸海域富含大量的营养物质和流动的食物，这为海洋动物们提供了一个非常好的栖息地。但是，这里同时也是一个非常危险的地方。狂浪会击碎没有隐藏在岩石缝隙或洞穴中的动物。在潮汐海岸，潮水退去后，留在岸边岩石上面的贻贝和藤壶等吸附动物则有被太阳晒干的危险。潮间带地区的水深每天都会变化，从而影响着生活在这里的生物，并且这种变化还会将不同海洋生物的海岸栖息地区分开来。

帽贝将身体固定在岩石上，用它们圆锥状的厚壳保护自己。

▲危险区域

当海浪冲击海岸的时候，海岸上的石头会被海浪冲得到处翻滚。在岩石岸上，动物们为了避免被石头砸到，会爬到岩石的缝隙里躲避，这样也可以使它们避免在退潮时被太阳晒干。大多数的海岸动物都长有非常坚硬的外壳和粗糙强韧的皮肤，从而使它们免于受到伤害。

海岸地区▶

不同的动物和海藻可以抵御不同时期退潮后暴露的海滩为它们带来的伤害。海岸的最下层部分几乎是一直浸在海水中的，只有在大潮低点来临时才会暴露出来。海岸的中部则每天都会被潮水淹没和暴露出来，但是最上层海岸可能只在大潮高点来临时，会被潮水在一个月内淹没两次，而且每次持续的时间不过几小时。

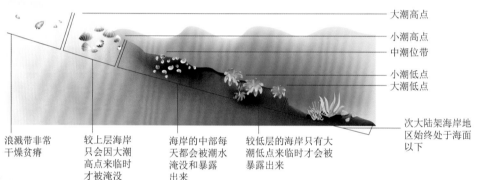

大潮高点
小潮高点
中潮位带
小潮低点
大潮低点

次大陆架海岸地区始终处于海面以下

浪溅带非常干燥贫瘠

较上层海岸只会因大潮高点来临才被淹没

海岸的中部每天都会被潮水淹没和暴露出来

较低层的海岸只有大潮低点来临时才会被暴露出来

▲潮汐中的生活

大多数像海葵这样在潮汐海岸生活的动物，只会在涨潮的时候才去捕食。它们在低潮时存活的方法就是始终生活在海岸上的滞留水附近。一些生活能力强的动物在海岸存活的时间会非常长，甚至还会移到海岸上较高的地方生活。

◀生活区域

由于受到潮汐的影响，海岸底层以上的地区生存条件十分有限，只有很少的动物能够在这里生活。但是它们会在岩石岸上繁殖成为一个密集的带状集群。如左图所示，在离这个海湾较远的海岸上，贻贝群形成了一个黑色的带状区域，在它们上方的是淡褐色的藤壶带和黄色的地衣带。

▲潮池

在岩石岸上，后退的潮水经常会在岩石间形成潮池。当这种现象发生在海岸上层地区时，这些潮池会被太阳晒得很热甚至干涸，但是位于中间潮位带以下的潮池则不会被太阳暴晒很长时间，所以能一直保持较凉的水温。这就为那些不能在高处生存而且干燥时间不能超过几小时的海洋生物提供了一个非常理想的避难所，最大的潮池甚至可以容纳大型鱼类。

▲海滩生物

生活在沙滩和潮滩上的动物多为用须管和触须在潮水中捕食的蛤和蠕虫。当潮水上涨时，会有数以百万计的这类动物出来觅食，而当潮水退去的时候，它们便会退回到自己的洞穴里藏起来。不过那些在退潮时觅食的沙滩鸟类却很清楚它们的藏身之所并轻易地把它们挖出来。

海岸植物

岩石峭壁

在位于大潮高点上方的浪溅区，这里的海岸上生长着大量诸如海石竹这样的有花植物。这些海生植物能够长期生活在能杀死绝大部分物种的盐分含量很高的水环境中，这使得它们可以在其他植物无法生存的海岸上扩散成一个很大的区域。尽管这些地区的土壤很贫瘠，但它们还是能在岩石缝或峭壁中贫瘠的土壤中茂盛地生长着。

盐碱滩

在较为寒冷的地区，遮蔽水域河口的上层海岸泛滥生长着补血草和互花米草这样的矮生植物。这些植物很特别的地方在于它们能在涨潮时不被潮水冲走。每种植物对于潮水的冲击有着不同的耐受性，所以它们在中潮位线以上有着各自不同的生长区域。这些植物大面积地生长在泥泞的盐碱滩上，对于沙滩鸟类和其他动物来说，这里也是非常重要的栖息地。

红树林

在热带，与盐碱滩相类似的环境类型是红树林沼泽地，红树林是一种很特别的适宜在淤泥质潮滩上生长的耐盐树木。它们有着缠结的气生根，部分根部暴露在泥土外面，可吸收空气中的氧气，部分根则透过泥土悬在水中。红树林就是以这样的方式沿着海岸生长。它们不仅为小到鱼宝宝大到鳄鱼的动物们提供了一处非常好的栖息地，也成为一道阻挡风浪的天然屏障。

海草牧场

海草是生长在海底的唯一一种有花植物。它们在遮蔽性浅海的沙质海底上、潮汐河口和珊瑚礁潟湖中都有分布，也是海龟、类似海牛的奇怪动物儒艮和鹅等食草鸟类的主要食物来源。海草牧场同时还是那些小鱼们的重要避难所，例如上图中的海马，还有成年后会到深海中生活的大型鱼类的幼仔。

结冰海域生物

极地海洋光秃秃的岩石上几乎是寸草不生的，因为在冬天形成的海冰导致了大多数海岸生物的死亡。在南极洲周围，当海冰向海岸外扩展的时候，海豹和企鹅会沿着海冰的边缘水域捕食，从而逐渐被带入南大洋的深处。在北极的冬季，北冰洋的大部分海面都会被大块的浮冰所覆盖，所以动物只能在仅存的开阔水域周围聚集。但是当冰在夏季融化后，冰冷的海水中会出现大量可供捕食的浮游生物。

▲寸草不生的海滩

极地海洋的大部分海岸都是光秃秃的岩石和碎石，它们在冬季会被冻得坚硬，而且还会有浮冰随着潮水涨落在上面移动。但是这并不影响动物们进海捕食，拿北极海象来说，在冰冷的海水中捕食贝壳后，它会到海滩上去休息和取暖。它们略带粉色的棕色皮肤与少数动物总是冷冰冰的灰色皮肤形成了鲜明对比。

养分充足的海域▶

在极地浅海，营养物质被风暴从海底搅上来，并与表面海水混合在一起。这就为浮游生物的快速繁殖提供了一个良好的条件，并在冰块破碎的时候为海洋生物提供丰富的食物。右边这张卫星云图中标红色和黄色的部分即为南极洲夏天的这部分区域的养分情况。

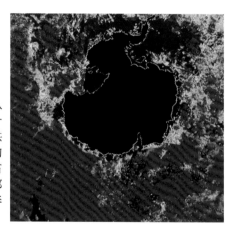

▲磷虾群

在南极洲附近，浮游植物主要被可覆盖大面积海域的磷虾群所捕食。磷虾也是大部分生活在南极洲及其附近动物的主要食物，这其中包括嘴边长满筛子般鬃毛的巨型鲸类，也包括许多企鹅、海鸟和海豹。

水道和冰间湖

在冬春两季，北冰洋为数不多的无冰水面像磁铁一样吸引着独角鲸这样的哺乳动物。它们可以在水中找到所有需要的食物，但是它们必须透过海面去呼吸，这在表面是冰的海域就比较困难了。宽广的冰间湖（被海冰包围的大面积开阔水域）和狭窄的水道（如上图所示），都会在春季吸引大量的海鸟来此觅食。大多数的冰间湖只在冰块开始融化的春季才会形成，但是在一些地区，例如加拿大和格陵兰岛之间的北部海域，整个冬季都会有冰间湖的存在。

冰下捕食▶

许多海豹都会在表面结冰的海域里捕食鱼类和鱿鱼，并沿着冰的边缘透出水面呼吸。但是当南极洲的表面冰层在冬季向北扩大时，威德尔海豹会跟在后面，并在冰面下捕食。它们会用牙齿从冰面的裂缝钻出洞来呼吸。因此，大多数威德尔海豹都被严重磨损了牙齿，有些甚至死于牙齿感染。

◀冰冷的海水

海水的冰点是 -1.8℃，低于纯净水的冰点。生活在冰面下方海水里的动物要抵御可能被冰冷的海水冻住的危险。很多极地鱼类和贝类能不被冻住是因为它们体液内含有天然的抗冻剂。很多动物能在冰面下方海域生活的原因是可以在海床上找到非常丰富的食物。

▶海豹繁殖地

在北极，雌海豹会爬到冰面上去生育它们的幼仔。格陵兰海豹会选择漂浮的冰面来建立它们庞大的繁殖地，因为这样可以抵御它们的主要天敌——北极熊的袭击。在白色的小格陵兰海豹出生后的12天里，雌海豹会用充足的奶水喂养它们。之后，雌海豹就会带着它们的小宝宝重返海洋。

◀繁殖期的企鹅

大多数的南极企鹅会在夏季的岩石岸上繁育它们的后代，它们会选择没有冰的地方以免它们的卵被冻上。许多企鹅都会选择在南大洋边缘附近的岛屿上进行繁育，因为这里的解冻期要比南极大陆上长得多。它们会把卵放到自己的足蹼上，然后用鳍肢盖住卵以保暖。帝企鹅也以同样的方法在靠近南极大陆的海冰上繁育后代，它们能在严酷的极地冬季进行孵化。

◀北极熊

北极熊是一种在北极冰面上生活的很独特的海洋食肉动物。它们的主要食物是海豹，特别是在春季出生的小环斑海豹。它们会随着冰面的季节性移动在冰面附近活动，当冰面在夏季融化之后，它们便会被迫游回陆地。但是在陆地上并不容易找到食物，很多北极熊甚至会被饿死。随着全球气候变暖，夏季北冰洋海面上的冰面范围逐渐缩小，这对北极熊的生存是极大的威胁。

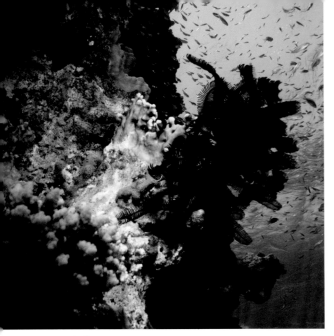

珊瑚礁和环状珊瑚岛

　　清澈的热带海洋里几乎没有能够供养海洋生物的营养物质，但是却存在着一种地球上生物多样性最丰富的生态系统之一——热带珊瑚礁。它的存活主要依赖于两种生物，一种是叫作珊瑚的简单动物，另一种是像浮游植物那样可利用阳光制造食物的类植物微生物。不断生长扩大的珊瑚形成了巨大的珊瑚礁，并有种类繁多的海洋生物在其中生活。

▲造礁珊瑚

　　珊瑚是一种与海葵非常相似的海洋动物。它们与海葵有着同样的圆柱形身体，并长着能捕捉小动物的尖头触须。珊瑚会彼此相连地成片生长，例如热带海域中的造礁珊瑚，它们独特的地方在于有很多叫作虫黄藻的类植物微生物在其中生长。这些微生物所需的营养物质是由珊瑚提供给它们的，而作为回报，它们也会利用阳光制造珊瑚所需的食物。

珊瑚礁的形成▶

　　出于对阳光的需要，造礁珊瑚都是生活在清澈的浅海中。它们柔软的身体被那些石灰石支撑起来，逐渐形成了礁石状的珊瑚礁。珊瑚礁通常会围绕着浅水域潟湖生长，并且在朝向开阔水域的一侧长势比较陡峭。

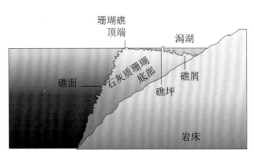

珊瑚礁顶端　　潟湖

礁面　　石灰质珊瑚底部　　礁坪　　礁屑

岩床

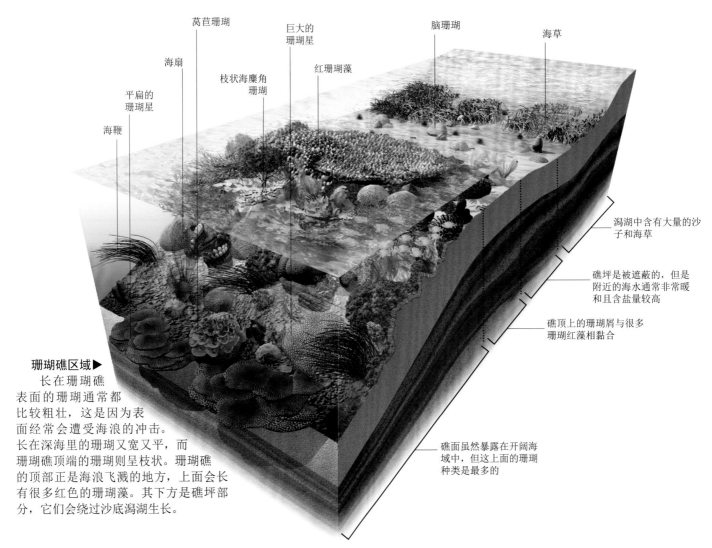

海鞭　　平扁的珊瑚星　　海扇　　莴苣珊瑚　　枝状海麋角珊瑚　　巨大的珊瑚星　　红珊瑚藻　　脑珊瑚　　海草

潟湖中含有大量的沙子和海草

礁坪是被遮蔽的，但是附近的海水通常非常暖和且含盐量较高

礁顶上的珊瑚屑与很多珊瑚红藻相黏合

珊瑚礁区域▶

　　长在珊瑚礁表面的珊瑚通常都比较粗壮，这是因为表面经常会遭受海浪的冲击。长在深海里的珊瑚又宽又平，而珊瑚礁顶端的珊瑚则呈枝状。珊瑚礁的顶部正是海浪飞溅的地方，上面会长有很多红色的珊瑚藻。其下方是礁坪部分，它们会绕过沙底潟湖生长。

礁面虽然暴露在开阔海域中，但这上面的珊瑚种类是最多的

珊瑚礁生物

珊瑚鱼

在珊瑚礁附近生活着许多色彩斑斓并且种类繁多的热带鱼类。它们有的以珊瑚或者海藻为食，有的则以它们周围的其他小动物为食。生活在珊瑚礁的热带鱼种类比其他任何一种海洋栖息地的都要多，而且每种鱼类都有它们各自的生活习性。但是鱼的总数量也不会比在富含养分的海水里生活着的鱼群的数量多。

虾

在珊瑚礁里生活着许多甲壳类和无脊椎类动物，这其中包括海蜗牛、漂亮的海蛞蝓、海胆和蟹。清洁虾也是其中的一种，它是靠捡食珊瑚鱼皮肤上或鳃里的寄生虫为生的，珊瑚鱼会排着队来让它清洁，就像排队洗车一样。尽管许多珊瑚鱼会去捕食其他小动物，但它们从不会去伤害清洁虾。

巨人蚌

这种大型的软体动物生活在珊瑚礁之间的缝隙里，身体可长达 1.5 米。它们虽是以浮游生物为主食的滤食动物，但同时也像造礁珊瑚那样，从寄居在它们彩色软体内的虫黄藻那里获得它们所需的主要能量物质——糖。最大的巨人蚌会大到连壳都不能完全合上，并不像我们从前认为的那样会夹住人们的腿。

礁鲨

礁鲨这样的大型食肉动物主要活动在珊瑚礁的周围，寻找小鱼和其他动物作为它们的食物。它们通常会待在礁面以外的深海里，随时捕捉那些远离珊瑚礁安全区域的小动物，但是它们有时也会从珊瑚礁中间的缝里游到浅海潟湖中去觅食。很多礁鲨都长有高度敏锐的感觉器官，这使得它们具备夜间捕食的能力。

▶环状珊瑚礁

在热带太平洋海域上星罗棋布着许多被珊瑚礁环绕着的火山岛。当火山爆发停止后，这些岛屿便会逐渐沉入海底，但是四周的珊瑚礁还是会继续向上生长。它们会围绕着不断消失的中间岛屿逐渐形成堡礁，并且最终会在近似圆形的潟湖周围发展成为环状珊瑚礁。

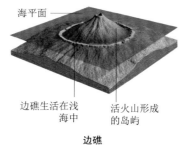

海平面
边礁生活在浅海中
活火山形成的岛屿
边礁

死火山逐渐下沉到海平面以下
潟湖形成于珊瑚礁内
珊瑚向上生长形成了堡礁
堡礁

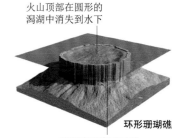

火山顶部在圆形的潟湖中消失到水下
珊瑚在岩床下沉时继续向上生长
环形珊瑚礁

◀潟湖与岛屿

由于阳光的照射，浅海潟湖的水温可达到 35℃或更高。这对于珊瑚来说太热了，对鲨鱼来说，待水温稍降一些，它们便可在这里捕食了。珊瑚碎屑和沙土聚集起来会形成一些低矮的小岛，上面长满了茂密的棕榈树，这些小岛便成了海龟和军舰鸟安家的乐园。

棘冠海星

棘冠海星以珊瑚为食，它们通过把胃部翻转到体外覆盖住食物的方式进食。它们的繁殖能力非常强，可以很快形成一个非常大的种群，将一大片珊瑚彻底消灭而只留下白色的骨骼。但是当海星相继死亡的时候，为珊瑚带来灾难的这个种群便会消亡，从而给珊瑚重生的机会。

开放性海域

在深海中，浮游生物生长所需的营养物质都沉积在阳光照射不到的海底。这就意味着海中几乎没有浮游生物的存在，特别是在那些温暖的表面海水很少与深处养分充足的海水相混合的热带深海中。在较冷的海洋里，季节性风暴将营养物质带到表层海水中，为海洋生物的繁衍提供了条件。然而，同样是在热带海域，地方性的上升洋流也会促生大量的海洋生物。

混合海域

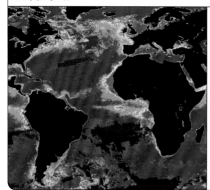

左边这张有关浮游生物分布的卫星云图中，粉色和深蓝色标示的是热带海洋中的浮游生物稀少区。它们与标示成橙色、黄色和绿色的冷水海洋和上升流区中的浮游生物旺盛区形成了鲜明对比。在上升流区，养分充足的海水是由洋流从海底带到海面的，而在冷水海洋中，它们是由季节性风暴和结冰的表面海水下沉共同影响形成的。这导致了冷水洋中浮游生物的数量在春秋两季的大量增多。

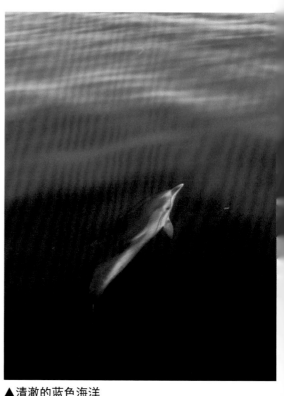

▲ 清澈的蓝色海洋

在开放性的热带海域，由于阳光照射而温度升高的海面形成了一个表面流动层，在它的下方，则是寒冷而富含养分的深海。在这里，冷暖海水不会相互混合，这就切断了阳光照射海域中生物所需的食物来源，所以海面几乎看不到浮游生物的存在。这种类型的海域中几乎没有海洋生物，所以十分清澈。

▶ 流浪者和移居者

热带海洋中分布着大量浮游生物和以其为食的海洋动物。许多如蝠鲼和鲸鲨这样的动物，会整日在海洋里游动着寻找食物。在冷水洋中的春、秋季，浮游生物的突然增多（即藻华）会引来一些规律性移居的动物，像鱼群、海豚和右图中巨大的驼背鲸等动物，它们会在每年的固定时期过来进行季节性捕食，然后会在食物被捕捉殆尽的时候离去。

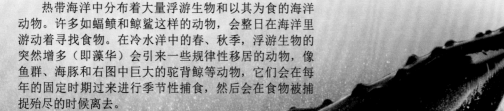

◀高速捕食者

在开阔海洋中漫游的食肉动物都具备长距离快速游动的能力。它们中包括集群捕食的金枪鱼、独自活动的鲨鱼还有左图中所示的蓝枪鱼。蓝枪鱼是一种身体呈流线型的强壮动物，一些蓝枪鱼的游速甚至可以达到每小时80千米以上。

▲鱼群体

以浮游生物为食的小鱼群在受到大型鱼类攻击时会紧密地簇在一起形成一个厚密的鱼群球，成漩涡状旋转着抵御它们的敌人。由此而引发的混乱，还有死伤鱼的血腥气味，通常会吸引更多的食肉动物加入这场疯狂的捕食行动中。

▼飞鱼

生活在热带的飞鱼可以把鳍像翅膀一样展开，这样它们就能在受到袭击的时候从水中跳起并在天空中滑翔。这是一个躲避金枪鱼那样的肉食鱼类的非常好的方法，但是它们却会成为军舰鸟的目标，这些军舰鸟会突然俯冲过来并把它们叼在嘴里。

▶海底山热点地带

在太平洋的底部星星点点分布着许多海底死火山，我们把它们称作海底山。当洋流带动养分充足的冷海水漩涡状地通过海底山的斜坡转到海面上时，一个上升流区便形成了。浮到海面的营养物质促进了浮游生物的生长，从而为当地的鱼类提供了丰富的食物。同时被吸引的还有一些鲨鱼这样的大型肉食鱼类，这样使原本海洋动物稀少的热带深海地区变成了一个野生动物丰富的热点地带。

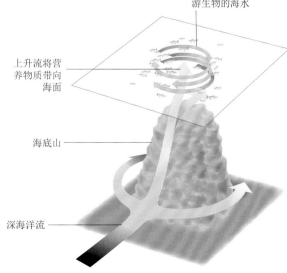

漩涡状上升的富含营养物质和浮游生物的海水

上升流将营养物质带向海面

海底山

深海洋流

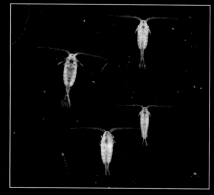

▲纵向迁移

一些像桡足动物这样的浮游动物会在晚上游到海面去捕食浮游生物，但是在黎明来临的时候，它们便会返回到海下 1000 米深的弱光区以躲避饥饿鱼群的袭击。当夜幕降临，它们又会重新迁移到海面，这个过程对于这些微小的动物来说，是一段非常长的旅行。

海洋深处

在阳光照射区下方的黑暗海域中生活的动物的主要食物来源是从海面上沉下来的生物体残骸，相比水面附近的浮游植物来说，它们的食用价值要小得多，所以那些白天在弱光区生活的浮游动物会在晚上游到海面上去寻找食物。以浮游动物为食的鱼类会在晚上跟着浮游动物游到海面上，而这些鱼类也随时会有被来自下方海域大型肉食鱼类所捕食的危险。大部分的大型肉食鱼类会在黑暗中发出红色的光芒，为了捕获稀少的猎物，它们大都长着巨大的嘴和长长的牙。相比之下，大多数生活在深海海底的动物则主要以动物尸体和其他碎屑为食。

银色的身体可以反光迷惑敌人

向上凸出的眼睛便于发现猎物

◀斧头鱼

白天在弱光区生活的浮游动物会被一种叫作斧头鱼的鱼类所捕食。这种鱼的眼睛是向上长着的，这使得它们可以通过从海面透下来的暗淡蓝光来发现猎物，它们的腹部上长着密密麻麻的发光器官，再配合上暗淡的蓝光，便可使它们将自己的身影隐藏起来以避开更大捕食者的袭击。

发光器官发出可以伪装自己的蓝色光芒

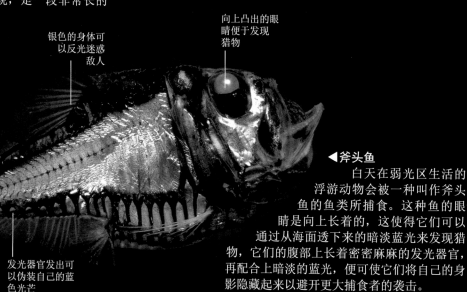

▶怪异的红光

与图中乌贼一样，成千上万的深海动物都能在黑暗处发光，这是因为它们身上长着一种叫发光器的器官，这种器官可以利用化学反应来发出不具热量的光芒。这种光芒对于深海动物来说主要有三种功能：一

长相恐怖的捕食者▶
很多像尖牙鱼这样的深海肉食鱼类都张着长有长牙的大嘴来诱捕猎物。但是由于在深海中难以找到足够的食物来支撑庞大的身体,所以这种肉食鱼类的体型一般都比较小。

宽大的嘴巴有像陷阱一样的牙齿

▲动物超感官
琵琶鱼是一种深海鱼类,长着很多恐怖的尖牙,它们就在这些尖牙能够到的范围内用发光器官诱捕猎物。一些琵琶鱼还长着像头发一样且非常坚硬的感应线,这种器官可以使它们在黑暗中连猎物的微小动作都能够觉察得出来。

毛发状的射线就像运动传感器

淤泥处理者▲
深海平原上生活着许多海参或是吞食海底沉积物的海参类动物。海底淤泥中含有大量在海底下方觅食的甲壳类动物、蠕虫和微生物,它们会将每一点沉落到海底的食物归集起来。

◀深海中的清洁工
从海面落下来的动物尸体会被许多类似清洁工似的鱼类吃掉,这些鱼类主要指的是深海中的甲壳类动物,如片脚类动物、虾、鼠尾鱼和左图中这种长得像鳗鱼一样的黏滑的盲鳗。由于动物尸体从海面落到海底需要非常长的时间,所以通常它们在还没有落到海底的时候就被吃掉了。

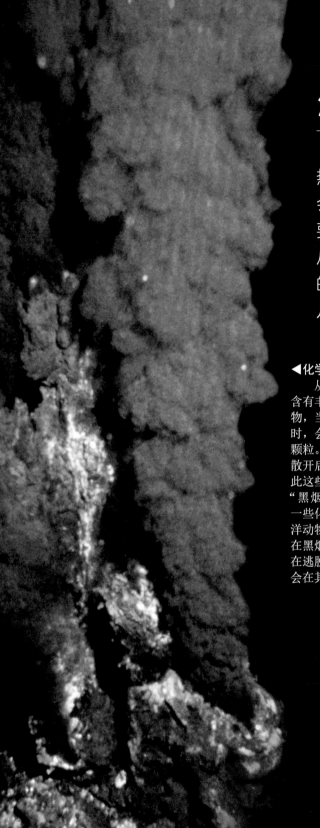

海底热液喷口

大洋中脊的火山周围布满了海底热液喷口，其喷出的热液中含有丰富的可溶性化学物质。在这些热液喷口附近，会形成一些非常密集的动物群落。生活在这里的动物通常要比其他的深海动物长得更快更大，因为它们并不是依赖从海面上落下的那一点点食物生存，而是将热液喷口喷出的化学物质能量作为自己的食物供给。这是地球上少有的几种不依靠阳光的生态系统之一。

◀化学烟雾

从热液喷口喷出的热液含有丰富的可溶性金属硫化物，当它们与冷海水相混合时，会转化成为乌黑的固体颗粒。这些颗粒在海水中扩散开后看上去像是黑烟，因此这些热液喷口经常被称为"黑烟囱"。虽然这其中的一些化学物质对于大多数海洋动物来说是致命的，但是在黑烟附近生活的海洋动物在逃脱它们毒手的同时，也会在其周围兴旺生长。

制造食物

喷口附近的岩石上布满了密密麻麻的白色细菌，这些细菌能够吸收热液喷口喷出的有毒的硫氢化物，然后将其与氧气混合发生化学反应，在这个过程中会释放出能量。然后它们会利用这些能量通过化学合成反应将水和溶于水中的二氧化碳结合成糖。这个过程与光合作用十分类似，只是它不需要阳光罢了。地球上最早出现的一些生命形式有可能便是以这样的方法制造食物的。

庞贝虫▶

从热液喷口中喷出的水的温度高得惊人，可以达到450℃或更高，但是一些动物却可以生活在这种超高温的海水附近。这种10厘米长的庞贝虫就生活在这些"黑烟囱"附近，它们的头部温度可达到20℃左右，而尾部可达到70℃甚至更高。这种高温对于任何一种其他动物来说，都足以致死。

▲蟹类

在太平洋海域的海底热液喷口附近密集生长着大量的细菌,它们是那些白色盲蟹很好的食物。与此类似的是,大西洋海域海底热液喷口附近的细菌也会成为虾的美餐。贻贝群和蛤群同样也以细菌为食,但不同的是细菌可以在它们壳内的鳃里生长。有了这么充足的食物源,它们的生长速度非常快,壳的长度甚至可以达到25厘米。

巨型管栖蠕虫▶

最令人惊叹的热液喷口动物多是长着亮红鳃毛的、体长可达2米的巨型管栖蠕虫。它们结群生活在热液喷口附近,吸收含有化学物质的海水并提供给生长在它们体内的细菌。这些细菌会为它们制造出生长所需的食物,这与热带珊瑚礁和寄居在其中的生物之间的关系是相似的。有了充足的食物源,巨型管栖蠕虫的生长速度要比其他大多数海洋动物快得多。

▲甲烷渗出

另一个与海底热液喷口附近相类似的细菌聚集地是海底甲烷(天然气)渗出区。由于海洋深处的压力过高,此处的甲烷只能以冰的形态存在。细菌会将冰态甲烷加工成为食物以供给冰虫和其他动物。

◀岩石中的生物

能够利用化学合成反应制造食物的细菌生活在海底下方的沉积岩层中的碎屑里面,如左图中被标成红色的部分,它们将氢和二氧化碳合成甲烷来为自己提供食物。它们能在这种极端环境下生存的能力恰好可以帮助我们了解地球生命起源的形式。这些细菌甚至可能在更极端的环境下生活,例如火星表层下。

海洋矿产资源

几个世纪以来，人们一直将海洋作为盐的主要来源地，同时也设法从海洋获取其他资源，小到廉价的海滩沙子，大到价值连城的珍珠。随着开采技术的不断进步，我们认识到海底蕴藏着丰富的矿产资源。这些矿产资源中最重要的便是石油和天然气了，它们存在于大陆架中的岩石深处。同时，海洋也是碎石和沙土甚至钻石的主要来源地。但是，很多海洋矿产资源开采起来都非常困难，并且费用高昂，特别是蕴藏在深海海底的那些矿产资源。

▲海盐

海洋中最丰富的矿产资源莫过于氯化钠了，也就是普通的盐。一般来说，在浅海的盐池中，人们利用蒸发海水的办法来制盐。这种简单的工艺已有上千年的历史，目前仍能满足全世界约三分之一的食盐需求量。

▶淡水

一些国家将海水用于饮用和农作物灌溉，但需要将海水通过淡化装置把盐分脱去才可以使用。由于这个过程所需的费用十分高昂且需耗费大量的能源，所以它只会被一些富裕的沙漠国家所采用，特别是中东地区。右图所示的便是科威特的一家位于波斯湾附近的海水淡化处理厂。在相邻的沙特阿拉伯，那里每年由海水淡化制造的淡水几乎占到世界总海水淡化量的四分之一。

石油和天然气

厚厚的海底沉积物中蕴含着丰富的石油和天然气资源，它们是由死亡的海洋生物残骸分解形成的。起初，人们只能对蕴藏在浅层大陆架下的石油和天然气进行开采，但是随着深海钻井平台（如下图所示）的出现，人们可以逐渐对深层的资源进行开发。这种平台可以在海下 3000 米深的地方工作，并且可以钻入海床下方 5000 米甚至更深的地方进行开采。

◀砂石骨料

随着工业建设的发展，大量的碎石和泥沙被从海底挖掘出来以供使用。安装在驳船上的简易起重机（如左图所示）只能用于浅海挖掘，如果要进行深海挖掘，就要使用特种挖掘船。许多沙滩里还会含有石英砂，它们被用来制造玻璃。

◀锰结核

部分深海海底的表面覆盖着一些土豆块状的物体，在这些物体里面富含诸如锰、钴、钛这样的贵重金属元素。但是由于它们通常存在于海下 4000 米的地方，所以开采所需的成本可能要高于它们本身的价值。

◀珍珠和钻石

数个世纪以来，在牡蛎壳中形成的天然珍珠都是由采珠人采集的。然而更为珍贵的是在非洲西南部贫瘠的大西洋海岸上发现的宝石。那里的海岸砂含有被古代河流冲离陆地的钻石。

◀金属和甲烷

位于大洋中脊的海底热液喷口所喷出的热液含有丰富的溶解态金属。尽管它们分布在深层海域，但仍有开采的可能性。在海底下方同样还含有丰富的冰态甲烷，它们被开发作为天然气使用。但是开发它们存在着很大的危险，因为海底甲烷大规模的意外释放会导致灾难性的气候变化。

海洋能源

海洋时刻都在运动。暴风浪能够释放出足以粉碎混凝土的能量，而潮汐和洋流则可带动全球巨量的海水流动，海洋还经常会被一些最强有力的飓风扫荡。所有的这些能量都可以被用来发电，且不会产生环境污染。几十年来，我们赖以生存的能量来自燃烧煤、石油和天然气，但是在燃烧的同时，它们会产生导致气候变化的气体。随着这些传统技术被逐渐淘汰，海洋将会成为我们主要的能量来源。

◀失落的工艺

在 18 世纪末以前，煤炭还未被广泛应用，那时使用的能源都是可再生的。就连炼铁所用的都是水力和可再生木材烧制的木炭。船靠风力航行，磨用水力带动，这在当时很常见。而现在，我们有必要重新使用和改造这些技术。

波能▶

显而易见，波浪是一种可利用的能源，但是将它转变成为可依赖能源却不容易。右图中这个位于苏格兰的工厂可将波能转变为气压，它所产生的能量可带动与发电机连接的两个涡轮。因为这个地方全年都有大浪，所以这个装置才会运行得非常顺利。

▲风能

通过使用风轮机，风力正在大范围地用来发电。大部分风轮机都安装在陆地上，但安置在海岸上的风轮机工作效率更高，因为海风更强烈、更稳定。世界上最大的近海风电场已在英国建成，其发电量占该国总发电量的五分之一。

拦潮闸▶

　　为了能让潮水在带动发电机的涡轮时不受限制地流入河口，我们通常采取的办法是在河口处建造起一道拦潮闸。右图中这座位于法国圣马洛的潮汐能发电站自 1967 年便开始运行。但为了扩大其规模而计划出的实施方案，可能它们会给当地的海洋栖息地造成严重破坏。

▲海洋洋流

　　洋流的强大能量从未被用于发电，但是一些关于开发流经佛罗里达和巴哈马群岛之间的湾流能计划已经开始进行了。这类似于艺术家想法的计划展示它如何做到这一点，即运用一连串固定在一起的水下涡轮来带动发电机（如上图所示）。如果这个计划能够付诸实施，它所产生的电量将会与一座核电站的发电量相差无几。

▲海运革命

　　海运是一种运输大件沉重货物的非常有效的运输方法。就算是最普通的轮船，也会比飞机节省很多燃料，如果利用风作动力，轮船的节能效果会更好。为了达到这种目的，人们对轮船进行了部分改造，一种方法是在船身添加一些类似帆的玻璃纤维机翼，而另一种方法则是在船头加挂一个巨大的可充气风筝（如上图）。

渔业和海洋生物养殖

人类自史前时代就已经开始在沿海水域捕鱼了，许多古老的捕鱼方法一直沿用至今。现在，商业捕鱼活动已经成为一项重要的产业，并且出现了一批具备先进搜寻、捕捞和加工装备技术的专业捕捞船队。现在许多海洋鱼类可通过不同形式进行封闭性海水养殖，如渔场和虾池。

▲沿海渔业

很多沿海地区都在以不同的形式发展渔业以供给附近市场。那些技术含量低的生产方式虽仅能满足当地市场的需求，但是由于它们不会对当地的渔业资源造成威胁，所以当地的鱼类不会有被捕捞殆尽的危险。在某片海域没有成为工业渔业区前，渔民们虽然不会赚很多钱，但也足以维持生活。

◀海洋捕捞队

世界上大多数常见的食用鱼都是由在海中作业数月的大型船队捕捞的。鱼被捕捞后运至岸上或是在有处理设备的捕鱼船上进行加工和冷藏。左图中的船队会到北大西洋和北太平洋或是渔业资源丰富的智利、秘鲁附近海域进行捕捞，但他们也会远洋至南大洋进行作业。

渔网和捕鱼绳▶

一直以来，用于海洋捕捞的都是非常简陋的漂网，现在它被能围捕整个鱼群的围网所代替了，甚至还有更大型的拖网，这种拖网可以一次性捕捞起大量鳕鱼那样的海底鱼类。经常用来捕捞金枪鱼的是一种带有一万多饵钩的多钩长绳，它可以将捕住的鱼拖在船后走120千米。

▲虾池

　　远东地区有着悠久的海洋养殖历史，几个世纪以来，人们会在位置较低的海岸附近挖出一些潮汐池来养殖鱼类和其他海洋动物，例如虎虾。与常规捕捞不同的是，这更像是种庄稼而不是打猎，所以它不会直接影响野生种群。但是它会对环境产生其他的影响，特别是为了建造虾池而将红树林全部砍伐干净的时候。因为红树林对于许多珍稀鱼类的幼仔来说，是非常重要的避难所，这样做会将它们的栖息地毁掉，而与此同时，也会使当地的城镇更易遭受海洋风暴的侵袭。

▲贻贝养殖场

　　贻贝和牡蛎是非常适合养殖的动物，因为它们天生就吸附在岩石和其他坚硬的表面上生活，而不是将自己埋在沙子或泥土里。上图中显示的是一个位于法国大西洋沿岸的养殖场，贻贝被养殖在一些盘绕在木桩的绳子上，在这里它们每天都会被潮水冲刷两次。

卫星和鱼群探测器

　　捕鱼船的船长在搜寻鱼群的时候可以借助许多高科技设备。这种设备可以利用卫星图上显示的浮游生物密集区来确定鱼群的位置，还有一种装有精准回声探测装置的鱼群探测器，它可以利用声脉冲来探测鱼群的位置。这些设备可以穿透到海洋深处的弱光区，当它们探测到鱼群准确的行踪时，屏幕上就会显示出一些弓形图来指示具体的方向。少数如上图中的鱼群探测器还会在屏幕上显示一个很宽的白色带子，它表明的是海底的位置。

鲑鱼网箱▶

　　大多数的海洋鱼类都不适宜生长在封闭的空间里，除了鲑鱼。它们可以被养殖在右图中的这种水下网箱里，流经的冰冷洁净的潮水可以使它们健康的生长。它们需要人工投食喂养，那些没吃完的鱼食和鲑鱼的排泄物会对当地的生态平衡有一定的破坏作用。除了上述这个负面影响，鲑鱼养殖业还是非常成功的，并且还减少了对野生鲑鱼的捕捞。

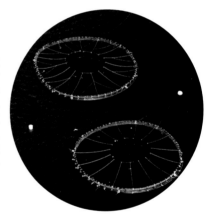

▶海藻养殖

　　海藻是一种极具使用价值的植物，它被广泛用来作为产品的增稠剂，例如牙膏和冰激凌。它在中国和其他一些远东国家和地区还可以被食用。大多数的海藻都是野生的，但是在印度－太平洋地区，海藻养殖业正逐渐成为一项兴盛的产业，它的年产量已经超过了其他所有海洋养殖业产量的总和。右图中的海藻养殖场位于非洲东部的桑给巴尔岛海岸附近，一位养殖者正在浅海中照料她养殖的海藻。

过度捕捞和副渔获物

现代商业捕鱼活动过于频繁，导致很多鱼类的数量逐渐变得十分稀少。更大的船、更好的网和新型的鱼群定位技术所带来的将不再是更多的捕获量。自 1996 年以来，全球捕鱼量已每年下降 120 万吨。海岸附近的鱼类所受到的影响尤为严重。与此同时，一些其他海洋生物也因捕鱼而受到了威胁，有时候，人们在捕鱼的同时会将海龟、海鸟、海豚、海豹和本不该被捕捞的动物等副渔获物捕捞上来。过度捕捞还会对一些像信天翁这样的动物产生极大的威胁甚至会导致其灭绝。

世界需求

世界人口的急速增长给一些自然资源带来了巨大的压力，这其中也包括海洋鱼类。现在每年全球鱼类的捕捞量约在 7400 吨以上。它们其中的一些是像上图那样整条在市场上出售，但更多的是被冷冻起来或是做成罐头。鱼类的数量正在急剧减少，如果照此形势发展下去的话，世界上绝大部分的鱼资源将会在 2050 年被捕捞殆尽。

◀整群捕捞

现代鱼类定位技术和围网的使用使得一次性捕捞到整个鱼群成为可能。这就像是一个装满了足球的网，但更像是将一个群体从它自己的种群里孤立出来。这样做会减少这个种群的基因多样性，从而导致它们更容易灭绝。

▲没有繁殖的时间

一些像罗非鱼这样的鱼类要到它们几岁大时才会开始繁殖后代，并且繁殖速度还非常慢。由于人类过度捕捞，它们的数量急剧下降。如此下去，过不了多久，它们可能就会灭绝。

处境危险的鱼类

鳕鱼

鳕鱼作为一种主要的捕捞对象正逐渐从世界上两个最主要的渔场——北海和大浅滩中消失。虽然一只雌性鳕鱼每年都可产下几百万个鱼卵，但是许多鳕鱼还未等到产卵就被捕捞了。

金枪鱼

金枪鱼是一种食肉鱼类，但它的数量要远比其捕食的鱼类少。成千上万的金枪鱼被从海里捕捞出来并制成罐头，这使得本来数量就不多的金枪鱼变得更加稀少，一些种类的金枪鱼甚至面临灭绝的危险。

鲨鱼

人们在将鲨鱼捕捞上来之后，通常会将它们的鳍切掉用来做鱼翅汤，然后会在它们还活着的时候把它们扔回海里。这种残忍的贸易活动使得这种本来繁殖速度就很慢的海洋动物变得更加稀少。

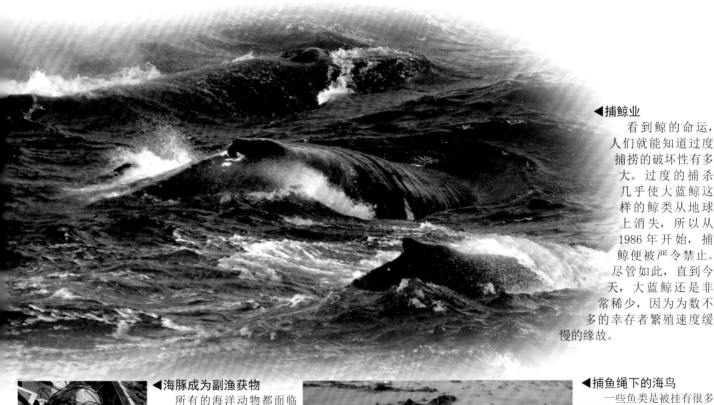

◀捕鲸业

看到鲸的命运，人们就能知道过度捕捞的破坏性有多大。过度的捕杀几乎使大蓝鲸这样的鲸类从地球上消失，所以从1986年开始，捕鲸便被严令禁止。尽管如此，直到今天，大蓝鲸还是非常稀少，因为为数不多的幸存者繁殖速度缓慢的缘故。

◀海豚成为副渔获物

所有的海洋动物都面临被捕捞的危险。很多被捕捞上的鱼类原本不是捕捞的目标，还有其他一些因到海面上呼吸而陷到渔网里的动物也被捕捞了上来。海豚就经常跟随在捕捞金枪鱼的渔网附近，如果金枪鱼被捕住了，那么海豚也有可能会跟着被捕捞上来。尽管人们设计了很多装置来避免这种情况的发生，但是每年还是有成千上万的海豚因此而死亡（如左图所示）。

◀捕鱼绳下的海鸟

一些鱼类是被挂有很多饵钩的捕鱼绳捕捞上来的。当捕鱼绳从船上放到海里的时候，许多像鲣鸟（如左图）这样的海鸟就会俯冲下来去抓那些钩上的诱饵，这样它们可能会被钩住拽到海里淹死。每年都有高达10万只信天翁因此死亡。为了不使世界上仅有的21种信天翁因此遭到灭绝，人们正在努力终止这种杀戮。

海洋贸易与海洋旅游

海洋一直以来就是重要的贸易运输途径。当人们需要将石油这种比较重的货物运到很远的地方时，航运仍然是最有效的方法之一。那些大型的集装箱货运船可以运送各种各样的货物，小到冷冻食品，大到汽车和计算机。由于很多度假胜地都在海滩附近，所以海洋也是一种非常重要的旅游资源。还有很多人喜欢在海上旅行，他们或是乘坐大型游轮，或是乘坐自己的小型游艇，试着以自己的航海技术与浩瀚的海洋一争高下。

▲散装货船与集装箱

当人们需要越洋运输石油和沙子这些比较沉重的货物时，货轮是唯一经济的运输工具。上图的这种大型集装箱货运船具备运送大量货物的能力。因为支持轮船行驶和承载装载量的主要动力是海水，而且轮船所需的燃料也不会因为货物重量的增加而增加。与此不同的是，飞机单是停留在空中就需要耗费大量的燃料，而且每多运载1千克货物，燃料消耗就会增加。

▲运河通道

更安全更快捷的海洋贸易始于埃及的苏伊士运河和中美洲的巴拿马运河的成功修建，它们分别修建于19世纪和20世纪初。运河切断了连接各大洲的狭长陆地通道，从而将被分隔开的大洋连接在一起。这样一来，轮船就可以在印度洋、大西洋和太平洋之间自由往来航行，而不用绕过非洲南端和南美大陆去经历那种危险的长途航行了。

◀繁忙的海港

大多数的海滨城市都是基于海洋贸易所创造的巨大财富而建立起来的。一些海滨城市在今天仍然拥有繁忙的港口，但是现在许多轮船通常会停靠在离市中心较远的地方。这是为了方便一些特殊货物的装卸，例如左图中的集装箱。

◀游轮

远洋客轮曾经是人们在不同的大陆间往来的唯一工具。如今，飞机的出现使得人们的全球旅行变得更加快捷，同时轮船也被改造得像海上酒店，将旅客们带往塔希提岛、南极以及其他各个地方。与大型货物不同的是，相对于客轮来说，旅客的重量要小得多，如果将所用的燃料平均分摊到每位旅客身上的话，也要消耗大量的燃料。

驾船探海

游艇出海是很常见的一种休闲活动，很多人还拥有自己的私人游艇。这项活动不仅可以让我们欣赏大海的美丽，也给了久居都市且很少经受真正挑战的我们一个完全依靠自己能力才能成功的机会。

▲海滨度假胜地

每年都会有数百万人蜂拥到海滨度假地去享受海洋和沙滩。随着航空旅游业的迅速发展，旅游业已经成为许多曾经很偏僻的岛屿的支柱产业，例如上图所示的位于印度洋的毛里求斯。现在岛屿的主要收入都依赖于旅游，但是为了吸引旅游者所开发的一些项目往往也会导致很多环境问题。

◀探索海洋

出现于20世纪40年代的水肺潜水已经成为一种流行运动，这也是一种探索深海世界的新方式。红海、马尔代夫、密克罗尼西亚和澳大利亚的珊瑚礁地区吸引了大量的深海潜水爱好者，而像马尔代夫这样的珊瑚岛小国，深海潜水收入则可以占到其旅游收入的绝大部分。一些海边度假地还会为旅游者提供与海豚或鲸共同潜水的机会，甚至体验与大白鲨的惊险相遇。

栖息地的毁灭

海洋是如此的辽阔，曾经我们认为，无论做什么都不会对海洋产生影响。人们认为，海洋能够吸纳所有我们排放进去的东西，从污水到核废料，并且任何由于人类活动所产生的破坏会因海洋物种的丰富而得到迅速恢复。但是，过度捕捞、环境污染和沿海开发都在逐渐破坏着许多海洋栖息地并且导致了此处生物的死亡。在部分海洋地区，这种破坏已经严重到不可挽回的地步了，因为曾经在那里繁荣一时的海洋生物已经彻底灭绝了。

◀赤潮

每年都会有大量的污水未经处理便被排放到海洋中。这些污水里面含有大量的有毒微生物，并极度刺激浮游生物的滋生从而形成有毒的赤潮。在密集的浮游生物群死亡并且尸体逐渐腐烂变质的过程中，它们会消耗掉海洋中所有的氧气，从而夺取其他海洋生物的生命。

有毒污染

石油

经常会有石油泄漏到海洋里的事件发生，它们有的是从失事的油轮中流出来的，有的是从毁掉的石油钻塔里漏出来的。这些泄漏的石油会污染海滩、破坏海边栖息地和毒害海洋生物。对于沾上石油的海鸟来说，将石油清洗干净后虽然可以存活一段时间，但最终还是会被它们吞食的石油毒害致死。

重金属

汞和铅是海洋中本身就含有的两种金属元素，但是含量十分微小。而工业废物中汞和铅的浓度就要高得多了，当它们被排放到海洋中，便会对海洋生物产生毒害作用。人们如果食用了被污染的海洋食品也会重金属中毒。

杀虫剂

当杀虫剂随着河流流入海洋的时候，它其中含有的化学物质就会像杀死庄稼里的害虫一样杀死海洋生物。而这类有毒物质需要很长的时间才能分解，所以人们经常会在小到鱼类大到北极熊以至所有的海洋动物体内都发现有很高浓度的有毒物质。这些有毒物质会使它们生病甚至死亡。

▶致命的垃圾

每年都会有大量的废塑料进入海洋，由于它们不会像其他垃圾那样可降解，所以会一直存在海洋里。废塑料还会危及海洋动物的生命，如右图中那只受伤的海豹，它被一个塑料圈紧紧地卡住了。许多大棱皮龟的胃里都会有很多塑料袋，因为这些袋子看起来太像它们的主要食物水母了。其他一些海洋动物还可能被那些长年置于水中捕鱼的旧渔网夺去生命。

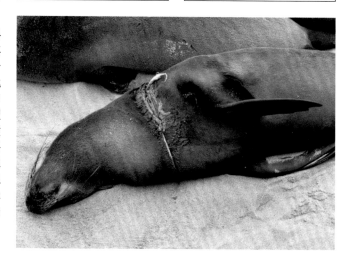

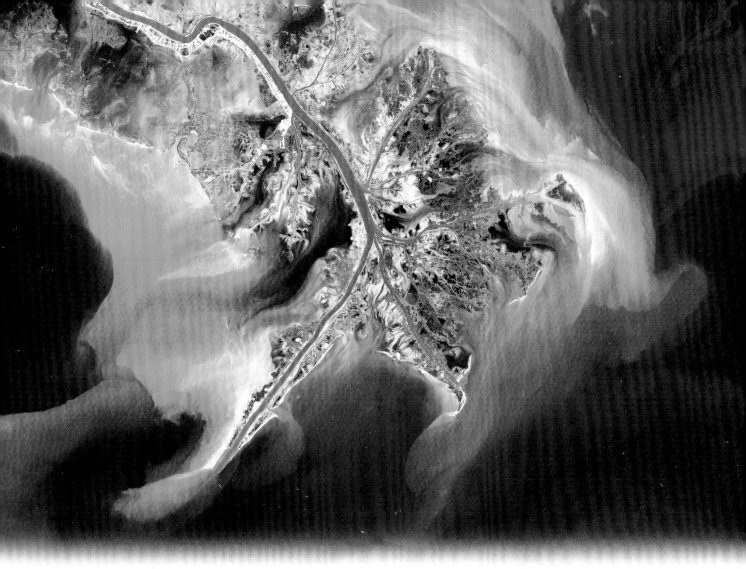

▲死亡带

许多河流都被有毒物质严重污染，当它们汇入海洋的时候，在入海口的下方海域便会形成一个死亡带。世界上最大的死亡带位于墨西哥湾的密西西比三角洲，在这张鸟瞰图中我们可以看到，有毒的沉淀物成漩涡状不断涌入海洋，逐渐形成了 22 000 立方千米的死亡带。

对海岸的破坏▶

旅游业蓬勃发展的同时会对沿海栖息地造成破坏，这种情况在热带地区尤为严重。为了开发沿海旅游区，红树林被砍伐，海岸上就没有任何抵挡物可抵抗海洋风暴的袭击。海岸上的沙土会被暴雨冲到海洋里造成污染，还会被冲到附近的珊瑚礁和海草床上，影响生物的生长。

◀被破坏的珊瑚礁

潜水者、潜水船的锚和游览船都会对热带珊瑚礁造成破坏，就像左图中显示的那样。除此以外，人们对一些海岸地区的野蛮开发也会污染珊瑚礁。在印度尼西亚，人们为了从宠物贸易中获得巨大的利益，会采取用剧毒的氰化物从事非法捕捞珊瑚礁鱼类的勾当，甚至他们自身也被毒死。

气候变化

对海洋和沿海城镇来说，最大的威胁莫过于气候变化。全球气候变暖使极地的冰块逐渐融化，从而提高了海平面的高度，随之而来的还有更加频繁猛烈的海洋风暴。气候的变暖也使海洋的温度逐渐升高，同时二氧化碳污染也会增加海水的酸度。这些变化不仅对珊瑚礁有破坏作用，也使很多海洋生物濒临灭绝。洋流会陷于混乱，而且如果温度升高的海水将存于海底的甲烷解冻的话，那么后果将是毁灭性的。

▲温室效应

部分地表放出的太阳热辐射被大气吸收后，大气的温度会因此而升高，因其作用类似于栽培农作物的温室，故名温室效应。造成这种现象的罪魁祸首便是伴随煤炭、石油和天然气的燃烧而产生的二氧化碳。这些燃料的广泛使用增加了大气中二氧化碳的含量，从而加剧了温室效应并导致全球气候变暖。

▲逐渐融化的冰

不断上升的温度使得南极洲和格陵兰岛上的冰面逐渐融化。融解后的冰水会流入海洋从而提高了海平面的高度，并且使极地海洋的盐度下降。在夏季，北冰洋表面的冰雪覆盖面积已缩减到历史上的最低点，对于生活在冰面上的北极熊等北极动物是一种巨大的威胁。如果海洋上的冰面消失了，北极熊也会随之灭绝。

▲不断上升的海平面

不断有极地冰面融化成冰水流入海洋，如果这种现象持续发生的话，在22世纪结束时，全球海平面的平均高度将会提高1米，甚至更多。这对一些经常遭受大潮和风暴潮侵袭的地区的影响是非常严重的，海滨城市可能会发生巨大的洪水，图中所示的孟加拉国那样地势较低的地方将会被海洋所淹没，而个别岛国甚至可能消失。

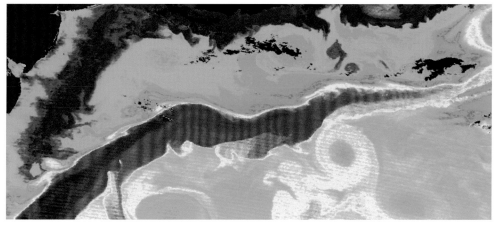

◀混乱的海洋洋流
大陆冰面融化产生的水流到附近海洋中后会降低海水的盐度和密度并且使表面海水不易下沉。这削弱了北大西洋下沉的洋流，这些洋流有助于推动温暖的墨西哥湾流，在这张卫星图像中显示的红色表示，如果墨西哥湾流遭到破坏，这会严重地影响北欧地区的气候，甚至整个世界。

珊瑚的白化▶
造礁珊瑚是靠寄居于它们体内的微生物所制造的食物存活的。如果海水的温度过高，这些微生物会从珊瑚体内移出，这样珊瑚就失去了食物的来源，继而颜色变白甚至死亡。这种白化现象在 2016 年造成了世界上三分之一的珊瑚死亡，而且演变成了一种逐年发生的现象，这样将摧毁这种物种丰富的栖息地。

◀危险的甲烷
导致气候变化的温室气体并不只有二氧化碳，还包括甲烷，一种在许多自然过程进行中产生的气体。海底沉积物里含有大量的冰甲烷。如果持续上升的海洋温度将它们解冻便会变成气泡从海面上冒出并溶入大气中去，这将会大大加剧全球气候变暖的速度。

酸性海洋

被人们排放到大气中的大量二氧化碳都被海洋所吸收了，这大大增加了海洋的酸度。酸会腐蚀蟹和蛤这样的甲壳类动物和软体动物的白垩质壳，也会破坏珊瑚的石灰质骨架。如果酸化问题继续恶化，那么全世界范围内的珊瑚礁将会死亡，并会导致大量有壳类海洋动物的灭绝。

▲风暴的警示
海水升温变成水蒸气蒸发到大气中后会加大飓风的破坏性。海洋的温度越高，风暴的破坏性就越强，所以，海洋的温度升高会增加风暴的发生频率。在海洋温度最高的地方，这种情况就更严重了，而且还会波及其他地区。发生在 2017 年的大西洋飓风季是历史上破坏性最严重的一次。

海洋保护

　　我们很珍惜海洋为我们带来的美丽风景和种类繁多的生物资源，但是人类的未来生存也许还要更多地依赖于海洋的健康。人类生存需要食物，可一旦占 20% 蛋白质供给的鱼类资源消失的话，许多人可能会饿死。如果海洋生态系统遭受破坏，我们没有办法知道这将会对其他生物造成什么样的影响。为了不让这种情况发生，保护海洋迫在眉睫。虽然不会对目前最棘手的气候变化问题做出什么改观，但是如果我们保持海洋的健康，海洋也会使整个地球健康。

◀配额与协定

　　许多渔业活动现在都受国际条约的管制，其限定了每艘渔船能够捕捞的最大数量。例如左图中这些位于加拿大纽芬兰的渔船，现在都已经停止工作了，这使得当地以捕鱼为生的人们的生活陷入了困境。但这总比渔业赖以生存的鱼的完全毁灭要好。这些条约最终会使鱼类资源得以恢复，但这也是需要很长一段时间的。

海洋储备▶

　　在一些地区，一些海域被划为保护区。为了保护海洋生物的生长、繁殖和向附近海域的扩散，捕鱼和其他一些破坏性的活动在这里都会被严令禁止。这样做对鱼类种类和数量的增加都是十分有效的。所以说"禁渔区"可以使附近海域的捕鱼活动变得更加容易，其收获也更多。

技术的改良

　　数十年来，人们为了捕捞到更多的鱼不断地改良捕鱼设备。同样，先进的技术也可以帮助人们保护海洋，主要的做法就是确保只捕捞目标鱼类而使其他生物不遭到破坏。比如说，可以在会钩住信天翁的捕鱼饵绳上装上一些吓鸟的设备（如右图所示），或是将饵绳从船上直接伸到水下，这样鸟就看不到鱼饵了。一些特别设计的渔网也可使海豚不被缠结溺水而死。总的来说，问题的解决并不在于设备的设计而是在于那些远洋捕鱼的人们正确的使用。

◀规划法

许多沿海开发项目并没有进行很好的规划。为了吸引游客，海岸附近涌现出了大量的别墅和宾馆，这样往往会破坏游客们非常想看到的美丽海景。很多的沿海建筑都没有设计适当的排水系统，从而造成严重的水污染。只有严格的规划法才能阻止这种破坏。

▶污染控制

大量的塑料垃圾被排到海洋中。很多漂浮在海面的垃圾最终被冲上海滩，但更多的是被分解成无形的微小颗粒，这些颗粒对于海洋野生动物来说是致命的。未经处理而被排入大海的污水也会破坏许多地方的海洋生物。因此，有效的污染控制是海洋保护的重要组成部分。

◀生态旅游

一些拥有丰富海洋生物资源的地区会利用这一点来吸引大量的游客。许多猎奇项目如左图中的观鲸旅行就只在能看得到鲸的地方才能开放。支持和发展旅游业，政府支付当地居民保护海洋的费用，海洋污染和过度捕捞的情况就会大大减少，从而保护了海洋。

减少碳排放▶

除了捐款和给予支持，大多数的人并不能为海洋保护做些什么。但是，我们所面临的最大环境问题是全球气候变暖，这个问题则是每个人都能够帮助改善的。比如说，我们可以尽量减少能源的使用，这样就能减少二氧化碳的排放量，从而保护海洋的未来，甚至地球上的所有生命。

大事记

公元前 1500 年 波利尼西亚人开始驾驶着巨大的双层平台木舟征服了众多的太平洋岛屿。在公元前 1000 年,他们到达了夏威夷岛和新西兰岛。

公元前 985 年 维京海盗从冰岛出发向格陵兰岛航行,途中遭到了暴风雨的袭击,因此使航线向西南方向偏离,到达了北美洲的纽芬兰岛。

1405—1433 年 中国航海家郑和率领他的船队开始了对印度洋的探险。

1492 年 热那亚商人克里斯托弗·哥伦布借助信风的力量开始穿越大西洋的航行,他希望寻找到一条通往中国的航线,但最终却发现了西印度群岛。

1519—1521 年 葡萄牙航海家费迪南德·麦哲伦被西班牙国王派遣寻找一条经太平洋通向东印度的航线。麦哲伦在菲律宾被杀后,他的船队继续穿越印度洋向西航行回到西班牙,完成了世界上第一次环球航行。

1735 年 英国物理学家乔治·哈得来对地球自转对海洋信风的影响进行了科学解释,为此,人们将一种全球大气环流类型称为哈得来环流。

1759 年 英国钟表工匠约翰·哈里森对原有的计时器加以完善,制造出了一台精确且可信度高的航海用计时器,它可用于海上经度的测定。

1768—1779 年 英国航海家詹姆斯·库克船长进行了三次探险航行,主要活动范围在太平洋和南大洋。

1770 年 库克船长率领他的船队在澳大利亚的东海岸发现了大堡礁,而奋力号差点在此触礁沉没。

1770 年 美国发明家及政治家本杰明·富兰克林出版了第一幅墨西哥湾流的地图。

1805 年 英国航海家弗朗西斯·博福特设计了一种测量和描述海上风速的标尺。

1819 年 瑞士化学家亚历山大·玛西特发现全球海水的基本化学成分是一样的。

1831—1836 年 英国博物学家查尔斯·达尔文在随英国皇家海军舰艇小猎犬号进行航海的同时开始了最早的海洋学研究。

1835 年 法国物理学家古斯塔夫·贾斯珀·德·科里奥利发表了一篇论文,描述了地球旋转对海洋洋流和气流的影响,后来这种影响作用被称作科里奥利效应。

1839—1843 年 英国航海家詹姆斯·克拉克·罗斯远征南极探险,发现了罗斯海和罗斯冰架。

1842 年 查尔斯·达尔文阐述了关于珊瑚礁和环状珊瑚岛的构造理论,但这一理论直到 20 世纪 40 年代才被证明是正确的。

1843 年 英国自然学家爱德华·福布斯宣称在海洋 550 米以下的地方没有生命的存在,就此开始了一场关于无生物层存在性的辩论。

1868—1869 年 在英国皇家海军舰艇闪电号和豪猪号的疏浚作业过程中,苏格兰自然学家怀韦尔·汤姆森在海底 4390 米以下的地区发现了生命的存在。这一发现证明了爱德华·福布斯关于海底无生物层的理论是错误的。

1869 年 在经过 11 年的艰苦工程后,连接地中海和红海之间的苏伊士运河终于竣工,至少 12.5 万人在这场浩大的工程中死亡。

1872 年 英国科学家威廉·汤姆森爵士(开尔文勋爵)发明了一种可用于测量海洋深度的测深仪,该仪器用钢丝绳代替了原来老式的增重麻绳作为主要的材料,大大提高了测量的精确度。

1872—1876 年 英国皇家海军舰艇挑战者号完成了第一次的全球海洋科考任务,这次航海历经 4 年,航程约为 110 900 千米。

1874—1875 年 供职于美国海军的查理·西格斯比在测绘墨西哥湾时首创了一种新型的海底制图方法。

1882 年 第一艘专门为海洋研究而制造的船只——美国渔业委员会的信天翁号开始试运行。

1883 年 位于爪哇岛和苏门答腊岛之间的喀拉喀托火山喷发,其引发的海啸吞噬了 36 000 人的生命。

1893—1896 年 挪威探险家弗里特约夫·南森率领前进号轮船在北极探险时,在被浮冰困住的情况下,随冰块漂流到了北极中心区域,证明了极地浮冰不断移动的现象。

1897 年 第一台海上石油钻机在加利福尼亚海岸建造成功,这台机器距海岸仅 90 米。

1900 年 美国得克萨斯州的海边小镇加尔维斯敦遭受到了一场飓风的猛烈袭击。该场风暴及其引发的洪水夺走了 8000 多人的生命。

1903 年 挪威探险家罗阿尔·阿蒙森成功完成了第一次通过西北航道穿越北极的壮举。

1912 年 大型蒸汽轮船泰坦尼克号在距纽芬兰岛东南方 700 千米的地方与冰山相撞后沉没,约 1500 人在这次海难事故中丧生。

1914 年 经过漫长的建设施工后,连接加勒比海和太平洋的巴拿马运河终于开通了。

1915 年 德国气象学家阿尔弗雷德·魏格纳发表了大陆漂移学说理论。他认为所有的大陆都是由连在一起的一个超级大陆分解出来的,后来他将这个超级大陆称为盘古大陆。

1915 年 英国探险家欧内斯特·沙克尔顿率领的坚忍号在南极威德尔海面被冰块困住,在随冰块漂流了 1300 千米后,船体终于被毁。

1919 年 法国科学家成功利用回声探测器(声呐)装置进行了第一次深海测量。

1924 年 在得出最早组成生命的复杂分子是由简单物质构成的这一结论后,苏联生物化学家亚历山大·欧帕林提出了地球生命起源于海洋这一理论。

1925—1927 年 德国测绘船流星号利用声呐测出了大西洋中脊的轮廓。

1934 年 自然学家查理·毕比与机械师奥蒂斯·巴顿乘坐一种叫作潜海球的简单潜水器潜入海底 923 米深的地方,这一壮举也创造了一项世界纪录。

1943 年 法国潜水员雅克·库斯托和机械师埃米尔·加尼昂制造出了第一台自行携带式水下呼吸器(SCUBA)。

1948 年 美国海洋学家亨利·梅尔森·施托梅尔发表了一篇论文,阐述了湾流和海洋环流是如何在全球范围内进行热量再分配的理论。

1948 年 美国海洋地质学家布鲁斯·希曾和玛丽·萨普开始利用声呐测出的数据来绘制海底地貌图。他们在 1977 年发布了世界海底地图。

1954 年 乔治·乌奥和皮埃尔·维尔姆驾

驶的法国深海探测潜艇 FNRS3 号潜入到非洲西部达喀尔水域 4040 米深的海底，开创了载人潜水器的新纪元。

1955 年 先锋号海洋测量船第一次用船牵引海洋磁力计并在美国西海岸发现了海底条形磁区的存在。

1958 年 美国核潜艇鹦鹉螺号在北极的冰面下方进行了一次航行，这次航行证明了北极地区没有大陆存在。

1959—1962 年 美国地质学家哈里·赫斯提出了海底扩张假说，即海底是由大洋中脊扩张形成的。

1960 年 雅克·皮卡德和唐·沃尔什驾驶的里雅斯特号深海潜水器潜入太平洋海底最深的区域——马里亚纳海沟。

1961 年 美国斯克里普斯海洋研究所开始进行深拖系统的研究工作，开创了远程海洋研究的先河。

1963 年 英国科学家弗雷德里克·瓦因和德拉蒙德·马修斯在海底的岩石中发现了海底条形磁区的存在，这为哈里·赫斯的海底扩张假说提供了证据。

1963 年 冰岛南端的叙尔特塞岛是由位于大西洋中脊上的一个火山爆发后形成的新的苏尔特西岛。

1963 年 地壳中的热点是由于地幔中存在热羽而形成的，加拿大地质学家约翰·图佐·威尔逊阐述了这一理论。

1963 年 第一台多波束声呐系统在美国测绘船罗盘岛号上投入使用。

1964 年 北美洲发生了历史上最大的一次地震，导致这场地震的原因是阿拉斯加下方的太平洋海底滑动了 20 米。

1964 年 美国伍兹霍尔海洋研究所的阿尔文号潜水器进行了它的第一次潜水活动，这为深入研究深海翻开了新的一页。

1967 年 拉朗斯拦潮坝在法国的圣马洛投入使用，它利用每次退潮可以发出 24 万千瓦的电量。

1968 年 格洛玛挑战者号钻井船对海底下方 1000 米处的岩石进行了取样分析，进一步肯定了海底扩张学说。

1970 年 20 世纪最猛烈的一场热带风暴在孟加拉国登陆。巨浪和洪水夺去了 50 多万人的生命。

1977 年 乘坐阿尔文号潜水器进行海底科研活动的科学家在东太平洋脊海域附近发现了海底热液喷口。

1980 年 位于墨西哥坎佩切湾的 Ixtoc 1 号油井发生井喷事故，在这次事故中共有 47.5 万吨原油泄漏到了墨西哥湾海域中。

1982—1983 年 一场来势异常凶猛的厄尔尼诺现象席卷了太平洋区域，并严重影响了当地的天气，厄瓜多尔和秘鲁附近的东太平洋海域中的鱼类遭到灭顶之灾。

1985 年 密西西比河中的污染物随河水流入墨西哥湾，并在入海口形成了一个海洋生物无法生存的死亡带，这个区域第一次被系统地进行了测定。

1985 年 一支由罗伯特·巴拉德博士率领的探险队在距海面 4000 米的北大西洋海底发现了泰坦尼克号的残骸。

1989 年 大型油轮艾克森·凡德兹号在美国阿拉斯加州威廉王子海峡附近海域航行时不慎触礁沉没，并泄漏出 1.14 亿升原油。约有 25 万只海鸟和 6000 只海獭被毒死，这是历史上最严重的一次原油泄漏事故。

1990 年 美国地球物理学家真锅淑郎在对全球气候用电脑模拟系统进行分析后得出结论，全球气候变暖有可能会使墨西哥湾消失。

1995 年 有记录以来世界上最大的海浪在加拿大纽芬兰岛海滨袭击了伊丽莎白二世号海轮，海浪高达 30 米。

1995 年 瓦尔特·史密斯和戴夫·桑德维尔利用观地卫星的雷达数据首次精准地绘出了海底地图。

1998 年 海洋温度的异常升高导致了一场严重的珊瑚白化事件，世界上四分之一的珊瑚礁在这次事件中遭毁坏。

1998 年 勘探人员在寻找油田的过程中，在苏格兰附近的北大西洋海域发现了一个巨大的冷水珊瑚礁群。这个礁群存在于海下 1000 米处，面积约有 100 平方千米。

2000 年 据伽利略号航天探测器提供的证据表明，木星的一个卫星表面冰层下有可能存在海洋。如果这种情况属实的话，它将成为太阳系中除地球外的唯一一个拥有海洋的星球。

2002 年 位于南极洲威德尔海域北部的拉尔森 B 冰架由于海水温度升高而坍塌。这次坍塌事件，引起了人们对全球气候变化的广泛关注。

2003 年 世界上第一座开放型海域潮汐能发电站在英格兰南部的德文郡北海岸附近建造成功。这个系统采用涡轮机来利用强大的潮汐流产生动力。

2004 年 一项有关墨西哥湾相关的洋流测量表明，自 20 世纪 60 年代以来，湾流的流速减慢了 30%，这说明湾流面临消失的危险。

2004 年 亚洲海啸为印度洋沿岸的海滨地区带来了灭顶之灾，导致至少 15 万人死亡和 2.5 万人失踪，是历史上伤亡最大的一次海难事故。

2005 年 一场由卡特里娜飓风引发的风暴潮袭击了美国南部的新奥尔良市，导致 1000 多人死亡。

2005 年 一份由国际海洋学家联合队发布的报告称，由于空气中的二氧化碳不断溶入海洋，致使海洋的酸性逐渐加大，这严重威胁了海洋生物的生命。

2006 年 科学家通过对加拿大附近海域海底沉积物的钻探研究后发现，冰态甲烷的储藏层要远远浅于预期值，这增加了对其开发的可能性，但同时也引发了这可能导致气候变化的担忧。

2006 年 一项科学研究表明，世界上三分之一渔场中的鱼群正在消失，而且消失的速度正在加剧。如果这个趋势持续下去，到 2050 年，海洋将会被捕捞殆尽。

2007 年 科学家指出，南大洋现在吸收二氧化碳要比以前少很多，这大大提高了气候变化的速度。

2011 年 日本北部海岸发生大地震，引发海啸造成 15 000 多人死亡。

2017 年 电视剧《蓝色星球 2》揭示了塑料污染对世界海洋的破坏性影响。在剧中，为解决这个问题，人类付出了巨大的努力。

2019 年 研究表明，目前格陵兰冰盖的融化速度是 2003 年的 4 倍。这将导致海平面急剧上升，淹没许多沿海城市。

词汇表

DNA（脱氧核糖核酸）

一种含有生命遗传物质的类蛋白质复杂物质。

埃克曼螺线

向上流动的海水随着深度的变化向左或向右偏离，它们会沿不同的方向向海面流动，这样便会形成一些螺旋，由于最早发现这一现象的是瑞典物理海洋学家埃克曼，故以此命名。

暗礁

一种水下岩石，通常由珊瑚构成。

堡礁

将浅海潟湖从深海隔离出来的珊瑚礁。

边礁

一种沿大陆或岛屿的岩石海岸分布的珊瑚礁，它不会造成潟湖的形成。

冰川

大量向坡下缓慢移动的冰块，通常出现在深谷之中。

波长

两个相邻波峰之间的距离。

捕鱼绳

一种装有成千上万个饵钩的长线形捕鱼设备。

产卵

将卵产在可能受精的水中，大多数鱼类都采用这种方法。

超大陆

由多个大陆连接在一起形成的巨大大陆。

超高温

在高气压下，液体气化的温度会高于正常情况下的沸点温度。

潮差

高、低潮位的差。

潮间带

海岸上涨潮时被淹没、退潮时露出水面的部分。

潮汐流

由于潮汐的涨落造成海水水平流动的现象。

沉积物

沉积于海床或其他地方的固体颗粒，例如沙子和淤泥，它们可以聚积起来变硬形成沉积岩。

虫黄藻

生活在珊瑚和其他海洋动物体内的一种微生物，利用光合作用制造食物。

错动型断层

相对滑动的两个地壳板块形成的边界。

大潮

每月在高低水位之间发生两次的大范围潮汐。

大陆架

位于海岸底部的大陆边缘。

大陆隆

从大陆架边缘延伸到深海海底的斜坡。

大陆坡

位于大陆架的边缘，倾斜延伸至大陆隆起和海底。

大气压

大气中的空气重量所造成的压力，通常测量的是海平面上的大气压值。

大洋环流

一种大范围的海洋环流类型，在北半球的运动方向为顺时针，南半球为逆时针。

大洋中脊

海底山脉上的山脊，由两个地壳板块间的扩张裂谷形成。

蛋白质

将较简单的营养成分合成为生物成长必需物的复杂物质。

岛弧

由于火山运动，一个地壳板块会被另一个地壳板块所覆盖而消失，在这两块地壳间会形成一个边界岛屿带，被称为岛弧。

地幔

位于地壳下方极其灼热但非熔化态的厚密岩石层。

地幔柱

地幔内部不断上升的热流。

地壳

相对较轻漂在地幔外部的一层较厚的岩石层。

对流

由于热量不均衡造成的气体和液体的循环运动。

厄尔尼诺现象

当表面暖水向东流动阻挡了正常的冷海水流动时，太平洋赤道地区洋流会发生变化，这种现象会对海洋食物供给和天气造成影响。

二氧化碳

一种在大气中含量很低的气体。植物和浮游植物等生物可以用它制造食物，同时它也是一种温室气体。

发光器

可以发光的器官。

分解

逐渐腐烂。

分子

一种物质的最小颗粒，如气体或液体，由构成该物质的元素原子形成。例如，一个水分子由两个氢原子和一个氧原子组成。

风暴潮

由于暴风和低气压造成的地方性海平面暂时上升现象。

浮游动物

海洋中不断游动的微小动物群，主要在海面附近活动。

浮游生物

一种水中生物，大多漂浮于水中。

浮游植物

漂浮于近海面处利用光合作用制造食物的微生物。

俯冲带

当一个地壳板块被另一个地壳板块所覆盖而遭毁灭后，在两个地壳板块之间形成的边界地带。

副渔获物

在捕鱼过程中有时会发生捕捞到其他动物的情况，例如捕到非目标鱼类、海洋哺乳动物和海鸟。

光合作用

绿色植物或其他生物利用光能将水和二氧化碳转变为碳水化合物（糖）来为自己提供食物的过程。

硅土

一种由硅和氧组成的化合物，是石英和沙子的主要成分，可用于制造玻璃。

海底热液喷口

海底上的温泉喷口，通常位于扩张裂谷之上，也被称作黑烟囱。

海底山

一种全部山体都位于海面以下的海底火山。

海底扇

由于河流不断流入海洋而形成的海底扇形沉积带。

海沟

一个地壳板块被另一个地壳板块所覆盖后在海底形成的深沟。

海岬

两个海湾之间的海岸上的狭窄突出区域。

海峡

从两处海岸之间延伸出的狭窄水域。

海啸

一种破坏性极大的海浪，引起的原因通常是地震，但也有可能是由于海底山崩或火山爆发。

海洋性气候

一种受附近海洋强烈影响的气候类型，受这种气候影响的地区一般会有凉爽的夏季、温和的冬季和规律性的雨季。

河口

河流的出口。

黑暗区

没有任何光亮的海洋深处的地区。

黑烟囱

位于海底的温泉或是海底热液喷口处，通常处于大洋中脊上，会喷发出富含矿物质的黑色水雾。

红树林

一种生长在热带潮汐海域的树木。

花岗岩

一种坚硬的晶体岩，是形成地壳的主要岩石之一。

化能合成

利用化学反应产生的能量将二氧化碳和水转化成食物（碳水化合物）的过程。

化石燃料

一种通过燃烧释放能量的碳化合物，例如煤、石油和天然气，它们是由几百万年前的生物残骸分解形成的。

环状珊瑚岛

形成在海底死火山上面的、由珊瑚礁构成的环状岛屿。

回声探测

利用声脉冲（声呐）来测量海水的深度或探寻鱼群的技术。

汇聚边界

能够聚到一起的两块地壳之间的边界，为火山爆发和地震多发地带。

混浊流

一种携带大量泥沙和其他沉积物的海底洋流，类似洪水中的河流。

急潮流

伴有混乱的波浪和漩涡现象发生的流动迅猛的潮汐流。

季风

一种可以改变气候类型的季节性变化的风，在南亚地区尤为明显。

寄居生物

居于其他生物体并从中觅食的生物。

甲壳类动物

一种长有坚硬外壳和成对带关节的腿的动物，例如螃蟹和虾。

甲烷

一种由碳、氢组成的气体，是一种化石燃料（即天然气），也是一种强烈的温室效应气体。

巨浪

一种有规律发生的海浪类型。

矿物质

可形成岩石的自然物质，海洋中含有丰富的矿物质，它们也是浮游植物的食物来源。

离散边界

两块分离开的地壳之间的边界。

裂谷

由于岩石的分离而导致地壳上出现的裂缝。

磷虾

广泛分布于南大洋中的一种海洋虾类，是很多南极洲动物的主要食物。

密度

一种物质的密致程度。如果物体被紧压，它的密度便会增加。

气旋

暖气流汇聚上升的低气压带，例如旋风。

迁徙

动物的一种有规律的迁移，通常具有季节性，目的是为了寻找暂时性的食物来源或是良好的繁殖条件。

潜水器

可用于潜入深海的船只。

侵蚀

通常是由于一些自然因素造成的，例如海浪对海岸的侵蚀。

清道夫

一种以其他动物尸体为食的动物。

球石

一种叫圆石藻的海洋微生物的残骸，是石灰石和白垩岩的主要组成成分。

全球海洋运输带

带动海水在全球范围内流动的洋流间的联结系统。

热点地带

地幔上一块异常灼热的部分，会促使火山穿透地壳喷发。

热盐环流

由于不同海域间温度和盐度的差异而引起的海水密度的变化所带动的全球性海洋环流。

熔岩

从火山或火山裂缝中喷发出来的岩石。

融水

从冰块中融化出来的水。

软体动物

一种长有柔软身体的动物，有些还会带壳，例如蜗牛和蛤。章鱼是一种进化了的软体动物。

弱光区

只有微弱蓝光从海面穿透下来的深海水域。

三角洲

一种位于河口处的泥沙沉积带，通常会有多条分流河道流经。

珊瑚

一种与海葵相近的动物，通常会多个聚集形成珊瑚礁，可为其他的海洋生物提供栖息地。

上升流区

养分充足的深海海水向海面流动的区域。

深海平原

深海海底的平坦地区，超出大陆架的部分，通常位于海底 4000 ～ 6000 米深处。

生物软泥

由浮游生物这样的微生物的骨骼残骸形成的一种软沉积物。

生物体

即生物。

声呐

利用声波脉冲来探测固体的装置。

声探

一种测量水深的方法。

盛行风

大多时间只沿特定方向吹送的风。

食肉动物

捕食其他动物的动物。

食物网

复杂的生物间食物供给关系。

水蒸气

液态水加热后蒸发而形成的气体。

碳水化合物

由碳、氢、氧组成的可储存能量的化合物，一些生物可以自己制造并作为食物食用。糖就是一种最为常见的碳水化合物。

天然热喷泉

有规律地从被火山加热的岩石中喷出热水和水蒸气的现象。

微生物

微小的生物。

温带

热带与极地之间的地域。

温室效应

地面反射出的热量被大气中的二氧化碳、甲烷和水蒸气等气体所吸收而无法逸出，由此导致的全球气候变暖现象。

无脊椎动物

一种没有脊椎骨骼的动物。

细菌

单细胞微生物。一些种类的细菌可以通过化学反应或是利用太阳能制造食物。

潟湖

从海洋中被隔离出来的一片浅水区域。

下沉区

海洋中海水下沉的区域。

小潮

每月在高低水位之间发生两次的小范围潮汐。

斜温层

密集的深海冷水区与较轻的海面暖水区之间的分界区域。

信风

热带海洋上空从东方吹来的稳定风。

玄武岩

随熔岩从活火山和大洋中脊中喷发出的一种火山岩，呈黑色，密度较高，是海底地壳的主要组成成分。

旋风

一种空气向上升中的暖湿空气区漩涡式流入的气象系统，通常伴有云、雨和强风等现象发生。

岩床

存在于新近形成的较软的海底沉积物下方的岩石。

岩浆

停留在地壳中还未被喷发出来的岩石。

沿岸漂沙

海滩沉积物随着海浪沿海岸漂动。

盐沼

位于河口这样的潮汐带边缘的沼泽区。

洋底壳

由位于地幔上方的相对较薄的玄武岩层形成的海底岩床。

洋流

由于季风或是温度和盐度引起的海水密度差而导致的一种海水流动。

叶绿素

一种可以吸收阳光能量的物质，一些生物会利用它进行光合作用来制造食物。

液化

由气态变为液态。

营养物

生物成长所必需的物质。

有光区

指海面附近区域，这里有足够的阳光可供浮游植物和海藻制造食物和成长。

原生动物

一种结构非常简单的动物，通常为微生物。

远程操作装置

无人潜水器。

藻华

由于浮游生物的迅猛繁殖而导致水中浮游生物大量增多的现象。

藻类

能够利用太阳能制造糖的类植物生物体。海藻是一种巨大的藻类。

枕状熔岩

枕头形的块状火山岩，通常为玄武岩，由从海底喷发出的熔岩在冷水中凝结后形成。

蒸发

从液态转变为气态。

自持式水下呼吸器

潜水员用的一种水下氧气供给装备，SCUBA 是其英文缩写。

致谢

Darling Kindersley would like to thank Margaret Parrish for Americanization.

Dorling Kindersley Ltd is not responsible and does not accept liability for the availability or content of any website other than its own, or for any exposure to offensive, harmful or inaccurate material that may appear on the Internet. Dorling Kindersley Ltd will have no liability for any damage or loss caused by viruses that may be downloaded as a result of looking at and browsing the websites that it recommends. Dorling Kindersley downloadable images are the sole copyright of Dorling Kindersley Ltd and may not be reproduced, stored, or transmitted in any form or by any means for any commercial or profit-related purpose without prior written permission of the copyright owner.

Picture Credits

The publisher would like to thank the following for their kind permission to reproduce their photographs:

Abbreviations key:

a-above, b-below/bottom, c-centre, l-far, l-left, r-right, t-top

1 DK Images: David Peart. 6 NASA / JPL-Caltech: (bl). NASA:JPL (cl). Science Photo Library: (tl). 7 Corbis: Bruce DeBoer (br). DK Images: David Peart (c). 8 Ancient Art Et Architecture Collection: (bl). The Bridgeman Art Library: Villa Farnese, Caprarola, Lazio, Italy (br). DK Images: Statens Historiska Museum, Stockholm (t).11 National Maritime Museum, London: (br) (tl) (tr)10. The Bridgeman Art Library: Down House, Kent (tl) DK Images: Natural History Museum, London (cl).Miriam Sayago Gil, Spanish Institute of Oceanography (Malaga) : (bl). 10-11Japan Agency for Marine-Earth Science and Technology (JAMSTEC): IODP (c). 11 Science Photo Library: Dr Ken MacDonald (tr); Planetary Visions Ltd (br). 12 Corbis: Ralph White (bl). Mary Evans Picture Library: (tc). Woods Hole Oceanographic Instititution: WHOIalvinrecoverysd (cl). 13 Getty Images: Paul Nicklen/National Geographic (cr). 14 Science Photo Library: W. Haxby, Lamont-Doherty Earth Observatory (cra) (tr); SPL (br); US Geological Survey (cr). 15 Marie Tharp: Heezen Et Tharp are perusing a film

transparency of their diagram, photo by Robert Brunke, 1968. Marie Tharp 1977/2003. Reproduced by permission of Marie Tharp Oceanographic Cartographer, One Washington Ave., South Nyack, New York 10960 (tl). World Ocean Floor Panorama by Bruce C.Heezen Et Marie Tharp, 1977. Marie Tharp 1977/2003. Reproduced by permission of Marie Tharp Oceanographic Cartographer, One Washington Ave., South Nyack, New York 10960 (tr). 16 DK Images: Natural History Museum, London (br). 16-17 DK Images: Satellite Imagemap Copyright © 1996- 2003 Planetary Visions (c/ Earth cross section). 18 Science Photo Library: Dr Steve Gull Et Dr John Fielden (br). Marie Tharp: World Ocean Floor Panorama by Bruce C.Heezen Et Marie Tharp, 1977. Marie Tharp 1977/2003. Reproduced by permission of Marie Tharp Oceanographic Cartographer, One Washington Ave., South Nyack, New York 10960 (bl). 19 Science Photo Library: Dr Ken MacDonald (cl); B. Murton/Southampton Oceanography Centre (tr); OAR/National Undersea Research Program (ti). 20 Getty Images: AFP (bl). NASA:Jacques Descloitres, MODIS Rapid Response Team (cr). 21 DK Images: Rowan Greenwood (tr); Katy Williamson (tl). Photoshot / NHPA: Martin Harvey (tc). Science Photo Library: Dr Ken MacDonald (cr); Alexis Rosenfeld (r). 22 DK Images: Sean Hunter (br). NASA: acques Descloitres, MODIS Rapid Response Team (bl). Science Photo Library: US Geological Survey (tl). 23 Corbis: Michael S. Yamashita (tl). Getty Images: AFP (b). Science Photo Library: Planetary Visions Ltd (tr). 24 Science Photo Library: Ken M. Johns (l). 25 Brian M. Guzzetti from the far corners photography: (bl). NOAA: (br). PA Photos: Gemunu Amarasinghe/AP (t). 26 Alamy Images: George Et Monserrate Schwarz (tl). Science Photo Library:John Heseltine (bc). 27 Corbis: Larry Dale Gordon/ zefa (tl); Jason Hawkes (tr); Jim gar (r). Panos Pictures Jeremy Horner (b). 28-29 Alamy Images: James Symington (b). 29 NASA: Jacques Descloitres, MODIS Rapid Response Team (t). Science Photo Library:Jan Hinsch (c); Dirk Wiersma (br). 30 Science Photo Library: Steve Gschmeissner (tr); Sinclair Stammers (l). 31 Alamy Images: A Room With Views (cr). DK Images: CONACULTA- INAH-MEX (t). 32 Alamy Images: Blickwinkel (tl). DK Images: Katy Williamson (cl/glacial lagoon). 33 NASA: (tl). Photoshot / NHPA: Linda Pitkin (tr). Robert Harding Picture Library: Richard Ainsworth (br). 34 NASA: (b); MODIS Instrument Team, NASA, GSFC (c). 35 Corbis: Amos Nachoum (bc). Still Pictures: Kelvin Aitken (r). 36 Bryan and Cherry Alexander Photography: (clb). NOAA: Michael

van Woert, NOAA NESDIS, ORA (cl). Courtesy of Don Perovich: (bl). popperfoto.com: (cr). 36-37 Bryan and Cherry Alexander Photography. 37 Getty Images: Photographer's Choice/Siegfried Layda (br). 39 Alamy Images: Michael Diggin (bl); David Tipiing (cl). DK Images: Rough Guides (tl). FLPA: Frans Lanting/ Minden (c). Kos Picture Source: Bob Grieser (tr). 40 Getty Images: Arnulf Husmo (bl). 40-41 NASA: Jeff Schmaltz. NASA, GSFC. 41 Science Photo Library:J.B. Golden (tl). 42 Alamy Images: David Gregs (clb). OSF: (tl). 43 Corbis: Bryn Colton/Assignments Photographers (bl). Getty Images: Taxi/Helena Vallis (t). Miriam Sayago Gil, Spanish Institute of Oceanography (Malaga) : (cr). 44 Alamy Images: Bert de Ruiter (c). 45 Alamy Images: Bill Brooks (ti). Still Pictures: Markus Dlouny (br). 46 Science Photo Library: NASA (tl). 47 NASA: Courtesy SeaWIFS Project, NASA, GSFC Et ORBIMAGE (bl). 48 Splashdowndirect.com: (b). 49 FLPA: Chris Newbert/ Minden Pictures (bl). Science Photo Library: R.B. Husar/NASA (tl). 50 Corbis: Galen Rowell (l). 51 Corbis: Paul Souders (r). Science Photo Library: Chris Sattlberger (cl). 52 Corbis: Clouds Hill Imaging Ltd (tl); Lawson Wood (c). Science Photo Library: NASA (br). 53 Corbis: Ralph A. Clevenger (tr); Douglas P. Wilson; Frank Lane Picture Agency (tc). Science Photo Library: Steve Gschmeissner (tc/ Phytoplankton). 54 Corbis: Einrich Baesemann/dpa (br); Visuals Unlimited (tl). 55 Ardea: Ron Et Valerie Taylor (tl). Corbis: Amos Nachoum (c); Denis Scott (cl). 56 Corbis: Rick Price (clb);Jeffrey L Rotman (crb). DK Images: David Peart (b). Science Photo Library: Nancy Sefton (bl). 57 Corbis:Jeffrey L Roman (cra);Jeffrey L. Rotman (br); Denis Scott (bc). FLPA: Norbert Wu/Minden Pictures (cr). 58 OSF: (tl). Science Photo Library: Dr Gene Feldman, NASA GSFC (cr). 59 Alamy Images: Alaska Stock LLC (cl). DK Images: Rough Guides (tl). 60 OSF: Roger Jackman (br). Sue Scott: (bl). 61 Corbis: Roger Tidman (cl). DK Images: Natural History Museum, London (fclb); David Peart (fcrb); Rough Guides (crb). FLPA: David Hosking (tr). 62 Corbis: Staffan Widstrand (tl). FLPA. Flip Nicklin/Minden Pictures (br). Science Photo Library: Dr Gene Feldman, NASA GSFC (cr). 63 Corbis: Dan Guravich (c); Rick Price (tl). DK Images: Toronto Zoo (br). FLPA: Norbert Wu/Minden Pictures (tr). 64 DK Images: David Peart (tl). 65 Alamy Images: Image State (tl). Corbis: Bruno Levy/zefa (bl). FLPA: Norbert Wu/ Minden Pictures (br). Getty Images: Photographer's Choice/ Peter Pinnock (tr). Science Photo Library: Rudiger Lehnen (cra). 66 Alamy Images: Image State (b). Corbis: Owen Franken (tr). Science Photo Library: Dr Gene Feldman, NASA GSFC (cl). 67 Alamy Images: Michael Patrick O'Neill (c), Stephen Frink Collection (tl). OSF: (bl). 68 Corbis:Jeffrey L Rotman (cr). 69 Image Quest

3-D: Peter Batson (bl); Peter Herring (br) (tl) (tr). 70 Corbis:Ralph White (l) (cr). DeepSeaPhotography.Com: Peter Batson (br). 71 Monika Bright, University of Vienna, Austria: (tr). DeepSeaPhotography.Com: Peter Batson (tl). NOAA:Ocean Explorer (bl). Science Photo Library: T. Stevens Et P. McKinley, Pacific Northwest Laboratory (bc). 72 Corbis: Yann Arthus-Bertrand (br). 73 Corbis: Ralph White(bl). DK Images: Natural History Museum, London (cl). FLPA: Norbert Wu/ Minden Pictures (t). 74 Alamy Images: Dalgleish Images (ti). Ecoscene: Sue Anderson (cr); Jim Winkley (b). 75 Marine Current Turbines Ltd: (ti). Copyright SkySails: (bl). Still Pictures: Godard (r). 76 Corbis: Natalie Forbes (bl) (br). 77 Corbis: Michael S. Lewi,s (br); Chaiwat Subprasom/Reuters (tl). Still Pictures: Larbi (tr);Jim Wark (cr). 78 DeepSeaPhotography. Com: Kim Westerkov (br). Ecoscene: Quentin Bates (l). 79 Ardea: Valerie Taylor (bl). DK Images: Natural History Museum, London (cl). Ecoscene: Tom Ennis (br). OSF: (tc). 80 Corbis: Dean Conger (c). Still Pictures: Glueckstadt (tr); Hartmut Schwarzbach (br). 81 Alamy Images: FAN Travelstock (c). DK Images: Angus Beare (tr). 82 Alamy Images: Arco Images (br). Corbis: Joe Haresh/ epa (cl). Science Photo Library: Bill Backman (l). Still Pictures: BIOS Crocetta Tony (cr); Robert Book (c). 83 Ecoscene: John Liddiard (bl); Sally Morgan (br). NASA: (t). 84 Getty Images: Hans Strand (bl). NASA: Finley Holiday Films (tr). 85 Alamy Images: Michael Foyle (br). DK Images: David Peart (cra). NASA: MODIS, GSFC (tl). Science Photo Library: Matthew Oldfield, Subazoo (c). 86 Corbis: Niall Benvie (cl). Save The Albatross Campaign: Photo by Jim Enticott (b). 86-87 DK Images: David Peart (c). 87 Alamy Images: Craig Steven Thrasher (tr). Still Pictures: Fred Bruemmer (bl). 88-89 Alamy Images: Comstock Images (page margins). 90-91 Alamy Images: Comstock Images (page margins)

Jacket images:

Dorling Kindersley: Jerry Young

All other images ° Dorling Kindersley
For further information see:
www.dkimages.com